스마트 PPE(개인보호장비) 및 안전장비 산업 분석 보고서

BT TIMES

목차

Contents

서론

스마트 PPE 및 안전장비 시장 분석

I. 서론

개인보호장비(Personal protective equipment)란, 착용한 사람의 신체를 부상이나 감염으로부터 보호하기 위해 고안된 보호복, 헬멧, 고글, 의류, 장비를 일컫는다. 일반적으로 PPE는 작업 현장에서의 건강 또는 산업 재해로부터 사용자를 보호하는 장비로 정의된다. 본 보고서에서는 개인보호장비를 포함하여, 여러 분야에서 넓게 쓰이고 있는 '스마트 안전장비'에 대해 살펴보고자 한다.

스마트 안전장비는 소방분야, 의료분야, 풍력발전 분야, 건설분야 등 다양한 분야에서 개발되고 있다. 소방업계는 불에 타지 않는 섬유로 만든 방화복 위주로 안전장비를 개발하고 있으며, 의료분야는 최근 코로나19의 영향으로 보호복, 마스크, 고글 등의 제품이 개발되고 있다. 풍력발전 분야는 풍력발전 산업의 성장에 따라 개인보호장비 시장도 2020년 4억 920만 달러에서 2025년까지 5억 1,460만 달러로, 연평균 4.7% 성장할 것으로 전망된다. 건설분야는 최근 '중대재해처벌법'이 재정됨에 따라 각 기업과 건설현장에서 안전장비에 대해 더욱 신경쓰고 있다.

그밖에 웨어러블 스마트 안전장비로, 스마트 조끼, 스마트 에어백, 스마트 헬멧 등의 개발현황을 살펴볼 예정이며, 건설현장에 적용되고 있는 관련 국내법과 국내 스마트 안전장비 관련기업, 해외 스마트 PPE 시장 현황 등을 살펴보고자 한다.

개념

스마트 PPE 및 안전장비 시장 분석

II. 개념

개인보호장비(PPE)의 개념과 종류

개인보호장비(Personal protective equipment)란, 착용한 사람의 신체를 부상이나 감염으로부터 보호하기 위해 고안된 보호복, 헬멧, 고글, 의류, 장비를 일컫는다. 일반적으로 PPE는 작업 현장에서의 건강 또는 산업 재해로부터 사용자를 보호하는 장비로 정의된다. 따라서 보호 장비는 물리, 전기, 열, 화학, 방사능, 생물 및 공기 중 미립자 등의 위험 요소로부터 개인을 보호한다.

호흡용 보호구는 오염된 공기나 물질을 흡입하는 것으로부터 착용자를 보호한다. N95 마스크 등의 보건용 마스크는 감기, 독감, 바이러스, 황사나 미세먼지로부터 기관지를 보호하는 역할을 한다. 방독면은 전시에 가스를 사용하는 공격을 피하거나 오염된 대기의 정보를 숙지하였을 때 착용하는 보호구이다. 자가공급식 호흡기는 오염된 대기의 정보에 대해서 모르거나 심할 때 착용하는 보호구이다.

피부 보호용구는 접촉 피부염, 피부암 등으로 인해 피부질환을 일으키는 것으로부터 착용자를 보호한다. 그중 고무장갑은 손을 주로 사용하는 작업에 많이 사용된다. 설거지를 할 때 세제로 인해 손이 미끄럽지 않게 하기 위하는 용도로 쓰이거나, 수술 시

에 의료진이 위생을 위하여 착용한다.

안구 보호용구는 안구질환을 일으키는 것으로부터 보호한다. 또 타인의 비말을 막기 위해 착용하기도 한다. 그중 안면보호대는 용접시에 매우 높은 온도의 UV라이트가 얼굴이나 눈에 튀는 것을 막는 역할을 한다. 또한, 코로나바이러스감염증-19와 같이 비말로 통해 전파될 수 있는 감염병으로부터 눈을 보호하는 역할을 하여 고글을 대신한다. 다른 보호구로는 고글이 있다. 고글은 수영용, 모터사이클용, 스키·스노보드용 등과 군용고글 그리고 감염방지용 고글 등으로 그 종류가 매우 다양하다.

청각 보호용구는 소음공해로부터 청각을 보호한다. 청각 보호용구로는 귀마개가 있다. 귀마개는 여러 소음공해를 차단하는 기능을 한다. 다른 종류로는 귓집이 있는데, 청각을 보호하는 청각보호용과 추울 때 귀가 시리는 것을 방지하는 방한용으로 나뉜다.

보호의류로는 헬멧, 안면보호대, 귓집, 가죽바지, 방충장갑, 체인톱 안전장화 등의 체인톱 안전복이 있고, 방충보호구 및 방충장갑을 착용하는 양봉 안전복이 있다. 또한 자가공급식 호흡기, 소방복, 헬멧, 안전장화, 산소통을 착용하는 소방 안전복이 있다.

스포츠 보호구는 스포츠를 하면서 발생할 수 있는 위험요소를 차단하기 위해 만들어진 각종 도구이다. 권투 글러브, 마우스가드는 권투시에 손과 입 그리고 치아를 보호하기 위해서 착용한다. 물안경은 수영시에 눈에 물이 들어가지 않도록 착용한다. 이외에 헬멧, 보호대 등을 착용하여 부상 등을 방지한다.[1]

개인보호장비의 소재

한편, **개인 보호용 섬유**는 열, 추위, 화재, 자외선(UV), 화학물질, 미생물, 정전기 및 기타 위험으로부터 보호하도록 설계되었다.

개인 보호용구에 쓰이는 고기능성 소재는 속건성이 뛰어난 안감과 내구성이 우수한 겉감용 고기능성 소재를 개발하는 것이 추세다. 종종 착용감과 보호성능을 높이기 위

1) 개인보호용구/위키백과

해 면이나 모와 같이 편안함을 주는 천연섬유를 고기능성섬유와 혼방하여 사용하기도 한다. **고기능성섬유**에는 Nomex(meta-aramid), Twaron, Kevlar(모두 para-aramid), Dyneema(ultra-high molecular weight polyethylene), Zylon(polyparaphenylene benzobisoxazole) 및 Carbon fiber 등이 있다.

방탄용 보호복은 둔상을 포함하여 다양한 위협으로부터 보호한다. **방탄용 고기능성 섬유**에는 Kevalr, Dyneema, Spectra 및 Zylon이 있다. 이러한 섬유를 타이트하게 제직 후 필름 라미네이팅 및 마모 코팅 처리하여 칼이나 바늘의 관통으로부터 보호한다. 실리콘으로 코팅된 Polyamide multi-filament를 사용할 수 있으며, 노화에 대한 내성을 향상시키고 통기성을 감소시킬 수 있다.

압력보호소재는 심해 다이빙, 우주 비행사 및 군용 조종사와 같이 특수한 분야에서 기압을 조절할 때 쓰인다. 따라서 자체 공기공급장치를 내장할 수 있는 보호복과 공기가 전혀 투과할 수 없는 소재를 사용하며, 우주 비행사의 체열과 습기를 제거할 수 있어야 한다.

환경보호소재는 추위, 열, 물과 같은 환경적인 위험 요소에 대해서 체온을 유지하기 위해 쓰인다. 체온 유지를 위해 상변화물질(Phase-Change Materials)을 사용하며, 열 에너지를 저장 및 방출할 수 있는 파라핀계 탄화수소가 방적시 섬유에 첨가되거나 가공시 직물에 캡슐화되는 원리다.

화재 위험으로부터 보호하는 보호복은 Nomex, Kevlar, 유리섬유 및 탄소섬유와 같은 Flame-Retardant(FR)섬유로 만들어진다. **소방관용 보호복**은 습기차단재, 열차단재 및 안감으로 구성된 FR 내피와 난연성, 내열성 및 물리적 저항성을 갖는 외피로 구성되며, 이에 적합한 섬유로는 Aramid 및 Polybezimidazole(PBI)이 있다.

화학물질 및 미생물 보호소재는 전쟁, 곤충, 음식물 등으로 인한 오염 및 감염병과 같은 다양한 위험으로부터 보호할 때 쓰인다. 이에 대한 보호복은 감염 물질에 대한 내성이 있어야하며, 완전히 캡슐화되어야 한다. 특히, 스펀본드 부직포 또는 부직포/필름 라미네이트는 화학물질을 차단하거나 방출할 수 있는 기능을 갖고 있다.

전기 보호소재는 정전기, 번개 및 고전압 전기를 포함하며, 전기적 위험으로부터의 보호복에탄소섬유, 합성섬유, carbon core를 가진 금속섬유 및 전도성 섬유가 사용된다. Carbon core와 Polyamide sheath로 구성된 섬유 또는 Aramid core와 Carbon sheath로 구성된 섬유 등이 있다.

방사능 보호소재는 원자력산업 및 의료분야에서 발생하는 문제로부터 보호하기 위해 쓰인다. Polyethylene 스펀본드와 같은 일회용 부직포는 감마선을 차단하지는 못하지만, 방사성 물질이 피부에 닿지 않도록 할 수 있다. 최근 Demron社에서 직물과 부직포층 사이에 고분자 필름을 형성시킨 방사능 차폐 소재를 개발하였다.

자외선 차단복은 피부손상, 피부암 및 안구장애를 발생시킬 수 있는 자외선에 대한 노출을 줄이기 위해 설계된다. 일반적으로 직물이나 편직물이 타이트하게 짜여질수록 더 적은 양의 자외선을 통과시키며, 어두운 색상과 무거운 직물은 밝은 색상과 가벼운 직물보다 더 많은 양의 자외선을 차단한다. 한편, 일부 직물은 제조과정에서 자외선차단 물질로 전처리하여 자외선 차단 효과를 향상시킬 수 있다.[2]

---

[2] 2025년 개인보호장비 시장규모 659억불 전망/ 한국화학섬유협회 18-07-16

분야별 스마트 안전장비 시장

스마트 PPE 및 안전장비 시장 분석

III. 분야별 스마트 안전장비 시장

1. 소방 분야

최근 5년간 방화복 입고도 화상 입은 사례 무려 20건

최근 5년간 방화복을 정상적으로 착용하고도 화상을 입은 소방관들이 전국에 20명에 달하는 것으로 나타났다. 소방청으로부터 입수해 공개한 '방화복 착용 화상 발생 현황' 자료에 따르면, 지난 2015년부터 2019년까지 방화복을 착용한 상태에서 방화복을 착용한 부위에 화상을 입은 사례가 ▲2015년 3건 ▲2016년 2건 ▲2017년 3건 ▲2018년 6건 ▲2019년 6건으로 나타났다. 공식적으로 신고된 것 외에 경미한 부상까지 포함한다면 피해 사례는 이보다 더 많을 것으로 예상된다.

방화복은 뜨거운 불과 열로부터 신체를 보호해, 소방관들의 생명과 안전을 지키기 위한 필수적인 장비로 꼽힌다. 이 때문에 방화복은 한국소방산업기술원(KFI) 인증 제품에 한해 계약 및 품질 검사에 합격해야만 납품될 수 있다. 소방관들이 화상을 입었을 당시 착용했던 방화복들도 '소방용 특수방화복 성능시험 및 제품 검사 기술기준'에 따라 성능 인증을 받은 제품이다.

정부로부터 인증받은 방화복을 정상적으로 착용했음에도 소방관들의 화상 사고가 꾸준히 발생하는 이유는 무엇일까. 소방청은 방화복이 완전히 몸을 보호하는 데 한계가 있을 수밖에 없다는 입장이다. 그러나 화재 현장에서 불길을 직접 마주해야 하는 소방관의 입장에서는 안전한 환경에서 진화 및 구조 작업을 벌일 수 있도록 최선의 대책을 요구할 수밖에 없다.

이에 대해 업계 전문가는 "사고가 있을 경우 원인을 면밀히 파악·분석하는 게 우선"이라며 "그에 따른 후속조치를 통해 피해를 최대한 예방해야 한다"고 강조했다. 또한 "만약 방화복에 문제가 있다면 제작 업체나 검증 기관에 제재를 가하는 등의 조치도 강구할 필요가 있다"고 덧붙였다.

소방청도 소방관들의 화상 사고를 최소화하기 위해 방화복 성능 향상 작업에 착수한 상황이다. 소방청은 방화복 성능 향상을 위한 '소방장비 표준규격'을 개발했고, 실제 현장에 적용될 것이라고 밝혔다. 소방청은 소방장비 표준규격이 정착되면, 방화복을 포함한 소방장비의 안전 기준이 지금보다 강화될 수 있을 것이라고 전망했다.[3]

조달청, 소방용특수방화복 검사항목 표준화 조기 완료

이와 같은 문제에 대하여 조달청은 소방용 특수 방화복의 검사항목 표준화를 조기에 완료하고, 2020년 5월 납품 분부터 적용한다고 밝혔다. 그동안 검사 미필 방화복 납품, 검사 부실, 지속적인 공급 문제 등 품질확보와 관련 문제가 지속적으로 제기돼 왔다.

조달품질원은 이런 문제에 대응하기 위해 실물을 갖고 한국소방산업기술원과 FITI시험연구원 2개 전문검사기관이 직접 참여해 관능검사 시연을 통해 검사기관 간 검사기법을 공유하는 장을 마련했다. 현재 소방용특수방화복 검사기관은 한국소방산업기술원과 FITI시험연구원이 지정돼 있다. 그러나 기관 간 시험방법 및 시료채취방법 등이 상이해 불공정·불합리 문제가 지적돼왔다. 이를 해소하기 위해 검사계획서를 표준화해야 한다는 의견이 꾸준히 제기돼 왔다.

---

3) [단독] 방화복 입고도 불에 타는 소방관들, 대체 왜? 2020.10.7.민중의소리

검사 항목이 표준화되면 인정당시 제품 규격과 소방장비 표준규격으로 이원화돼 있는 검사기준이 소방장비 표준규격으로 일원화돼 상이점 문제가 해소될 것으로 기대된다. 또한 개정된 소방장비 표준 규격을 검사 항목 표준화에 반영키 위해 검토할 사항과 쟁점 사항도 논의, 검사항목 표준화를 조속히 완료할 예정이다.[4)]

실화재 훈련에서 개인보호장비의 필요성

방화복, 장갑, 두건, 헬멧, 부츠 등 호흡기 이외의 신체 각 부분을 보호하는 개인보호장비는 대부분 화상의 방지 및 지연을 위해 실화재 훈련에서 사용된다. 단기적으로는 독성연기 흡입에 따른 중독 또는 질식의 우려가 있고, 장기적으로는 연기의 독성물질을 흡입함에 따라 발생할 수 있는 암 또는 각종질병의 위험이 있다. 따라서 마스크가 아닌 공기호흡기(Self- contained Breathing Apparatus- SCBA)를 사용한다.

컨테이너를 활용한 실화재 훈련장 내부의 온도는 생각보다 빠르게 화상을 입을 수 있는 온도

까지 오른다. 특히 플래시오버나 FGI(fire gas ignition)를 관찰하는 경우에는 짧은 시간이나마 불꽃에 대한 직접 노출 없이도 주변부 공기 온도가 500~600°C까지 오르는 것을 경험할 수 있다. 이러한 환경에서 소방관의 피부를 고온의 주변 온도로부터 보호하는 개인보호장비가 없다면 훈련 자체가 불가능 할 수도 있다.

4) 조달청, 소방용특수방화복 검사항목 표준화 조기 완료 2020.02.23. 충청일보

통상적으로 잘 통제된 훈련 환경이라면 개인보호장비의 주된 역할은 불꽃을 막는 방염보다는 열을 차단하거나 지연하는 단열이 된다. 그러나 어떠한 방식으로든 훈련 상황이 통제를 벗어나 소방관이 직접 화염에 노출되는 상황에 이른다면, 개인보호장비는 실제 현장에서 화염에 갇힌 소방관을 보호하는 수준의 성능을 발휘해야 된다. 이 두 상황 중 어느 쪽이 되더라도 온전한 상태의 개인보호장비가 훈련 상황에서 안전 확보와 훈련의 원활한 진행에 중요한 역할을 하리라는 것은 쉽게 예상할 수 있다.

소방 개인보호장비의 성능

섬유류 개인보호장비 중 방화복과 장갑은 유사한 구조를 가지고 있다. 겉감, 방수투습천, 안감 각 층은 각기 다른 방식으로 착용자인 소방관을 보호한다. 겉감은 불꽃과 열로부터 방화복 내부를 보호하는 역할을 한다. 또한 화재현장에서 소방관이 직면하게 되는 다른 위험요소들, 찢김이나 갈림에 대한 보호도 제공한다. 재료로는 PBI나 아라미드 계열 등 방염 섬유를 사용한다. 방수투습천은 말그대로 외부에서 들어오는 물은 막고 (방수) 내부의 땀과 습기는 배출 (투습) 하는 역할을 한다.

근래에는 열에 노출되어도 잘 수축되지 않는 PTFE 소재를 많이 사용한다. 안감은 최종적인 단열이 주 역할인 층이다. 보통 난연소재를 사용한 부직포를 이용하여 안감 안에 공기를 가둠으로써 열전달을 늦춘다. 안감이 부직포라는 점은 방화복의 관리에 있어 주의해야 할 지점이 된다.

방화복의 각 층은 배열층 사이의 공기를 이용하여 외부의 뜨거운 열기가 소방관의 피부로 전달되는 시간을 늦춘다. 공기는 매우 뛰어난 단열 성능을 가지고 있다. 사실 방화복의 단열 (또는 열을 차단하는) 방식은 우리가 겨울에 여러 겹의 옷을 입음으로써 추위에 대비하고 보온하는 것과 정확히 같은 방식이다.[5)]

한편, PBI는 polybenzimidazole(폴리벤지미다졸)의 약자로 소방관용 개인보호장비에 쓰이는 고성능 방염 섬유의 이름이다. PBI 특수방화복, PBI 방화장갑, PBI 방화두건

---

5) 『실화재 훈련과 개인보호장비(PPE)』 이진규. 서울특별시 소방학교, 2019.12.30. SFA journal. 2019 Vol.33, p.52-66

등 우리나라 소방관들에게 PBI는 꽤 친숙한 단어다. PBI는 높은 난연성과 열내구성을 갖춘 섬유다. 이런 특성 때문에 1960년대 NASA의 유인 달 탐사 계획인 아폴로 프로젝트에서는 우주복 소재로 사용됐다.

PBI 소재, 국내외에서 활발한 기술개발 중

미국 노스캐롤라이나주 샬롯에 본사를 두고 있는 PBI 퍼포먼스 프로덕트(PBI Performance Products, Inc.)는 전 세계에서 유일하게 PBI 섬유를 상업적 규모로 생산하는 기업이다. 고온과 화염에 노출될 수 있는 우주비행사를 보호하기 위해 우주복 원단으로 사용했던 난연 섬유 PBI를 최초로 생산한 이 기업은 40년 가량의 긴 세월 동안 여전히 이 슈퍼섬유의 유일한 제조사로 기록돼 있다.

뉴욕시 소방본부의 결정 이후 미국 내 수많은 대도시의 소방본부들이 PBI를 방화복 소재로 사용하기 시작했고 지금은 로스앤젤레스, 휴스턴을 비롯한 미국의 10대 대도시 소방본부 중 9곳에서 PBI 방화복을 구매하고 있다. 이런 분위기는 글로벌 시장으로까지 확대됐다. 런던과 베를린, 암스테르담, 이스탄불 등 유럽 주요 도시의 안전을 책임지고 있는 소방본부 중 다수가 PBI 원단을 사용한 개인보호장비를 소속 소방관에게 지급하고 있다.

특히 벨기에와 뉴질랜드, 사우디아라비아, 이스라엘 등은 도시가 아닌 국가가 직접 나서 PBI를 채택하고 있다. PBI는 여타 소재보다 비교적 가격이 높기 때문에 부유한 나라에서 사용한다고 생각하는 사람이 많다. 하지만 꼭 그런 것만은 아니다. 상파울로(브라질), 보고타(칠레), 멕시코시티(멕시코), 리마(페루) 등 경제적 수준이 선진국에 비

해 낮은 곳에서도 PBI를 채택하고 있다. 최근 우리나라에서도 PBI를 찾는 소방관들이 점차 늘고 있는 추세다. PBI 퍼포먼스 프로덕트 역시 공급에 차질이 없도록 대한민국의 주요 제조사들과 협업을 이어가고 있다.[6]

특수방화복 전문기업 '하나산업'

하나산업(주)

특수방화복 전문기업 (주)하나산업은 23년간 특수방화복 제작에만 전념해왔다. 항상 고객인 소방관 입장에서 불편 사항이 없도록 제품을 연구하고 품질 개선을 위한 노력에 최선을 다하고 있다.

하나산업은 22년 1월 국내에서 두 번째로 PBI 원단을 이용한 특수방화복 개발에 성공했다. 소방청이 제시하는 기본규격에 맞춰 인증까지 완료한 상태이다. 이번에 새롭게 출시한 PBI 특수방화복에는 하나산업이 보유한 특허기술인 탈·부착식 주머니가 달렸다. 공기호흡기 등지게에 부착된 고정용 허리벨트를 주머니 안쪽으로 통과 시켜 공기호흡기를 착용하고도 주머니 본래의 기능을 유지하게 해준다.

하나산업은 소방용 특수방화복 2종(PBI, 아라미드)에 대한 KFAC 인증을 획득했다고 밝혔다. KFAC(Korea Fire-fighting Apparatus Certification) 인증은 기술기준 이상의 제품을 기업이 지속·안정적으로 생산할 수 있는지를 평가한 후 인증서를 부여하는 소방장비 국가인증제도다. 하나산업의 PBI 특수방화복은 전 세계 어느 나라 제품과 비교해도 기능과 성능, 디자인 등에서 뒤떨어지지 않는다고 자부한다고 전했다.[7]

---

6) [COMPANY+] 소방관 보호하는 최고의 섬유 기술력 보유, PBI 퍼포먼스 프로덕트. FPN 소방방재신문사. 2021/11/19

7) (주)하나산업 고성능 방염 섬유 'PBI' 적용한 특수방화복. FPN 소방방재신문. 2022/04/20

국내 기능성 섬유 기업, 삼일방직의 슈퍼 섬유 'NevurN'

삼일방직

삼일방직은 1973년 삼일염직으로 섬유 사업을 시작했으며, 50여 년의 역사를 자랑하는 토종기업이다. 소방관들에게 삼일방직이란 이름은 낯설 수 있다. 섬유 장비를 제조하는 곳이 아니라 원사(실)와 원단 등을 장비 제조사에 공급하기 때문이다. 하지만 소방 복제를 만들거나 섬유 장비를 제조하는 기업들 사이에선 이미 오래전부터 정평이 자자하다. 섬유 제조 기술력이 워낙 뛰어나고 소량 주문에도 고른 품질의 실과 원단을 공급해서다.

우리나라 섬유산업은 1970년대부터 빠르게 성장하며 호황을 누렸지만 1990년대에 들어서며 점차 사양길로 접어들기 시작했다. 실제로 대부분의 섬유 기업이 이 시기에 문을 닫거나 해외로 이전했다. 그러나 삼일방직은 회사 문을 닫는 대신 섬유 산업의 고급화로 눈을 돌리며 오히려 투자를 확대했다. 공격적으로 설비를 확충하면서 섬유 업계의 혁신이라 불리는 Air-jet 방적사도 세계 최초로 양산화에 성공했다.

Air-jet 방적사를 통해 탄생하게 된 브랜드가 바로 'ECOSIL'이다. 삼일방직은 2010년 'ECOSIL'로 또 한 번 세계일류상품 지정의 성과를 올린다. 'ECOSIL'은 현재 국내뿐 아니라 세계에서도 그 우수성을 인정받는 섬유다. 미국과 중국, 유럽, 일본 등에 수출하고 있으며 모달과 더불어 삼일방직을 글로벌 시장에 알리고 있는 대표 상품이다.

한편, 2010년 기업부설 연구소를 설립하면서 우수인재 육성과 지속적인 R&D 투자를 이어온 삼일방직은 그간 네 차례에 걸쳐 대한민국 섬유소재 품질대상(2013년 난연섬유 소재 NevurN, 2014년 친환경 기능성 원사 Drysil, 2019년 Anti-pilling 코어사 Corsil, 2021년 리사이클 US 피마코튼 방적사)을 수상하기도 했다.

'NevurN'은 Never와 Burn의 합성어로 '타지 않고 녹지 않는다'는 의미를 담고 있다. 삼일방직에 따르면 Aramid와 렌징 FR 등을 혼방하는 방식으로 개발이 이뤄졌고 강인성과 탄력성, 편안한 착용감, 통기성 등의 장점을 두루 갖췄다. 'NevurN'은 산업과 생활환경, 용도 등에 따라 방호수준의 'NevurN-D(Defender)', 보호 수준의 'NevurN-P(Protective)', 안전수준의 'NevurN-S(Safety)' 등 세 가지 제품군으로 생산이 이뤄진다.

삼일방직은 글로벌 방염 소재 전문 기업 PBI퍼포먼스 사와의 협업으로 국내 소방 시장에 PBI 원단 공급을 확대해 나가고 있으며 독자적으로 개발한 'NevurN'의 홍보에도 박차를 가하고 있다.[8)]

---

8) [COMPANY+] 친환경·기능성 섬유 소재 글로벌 리더 삼일방직(주). 2021.10.20. FPN소방방재신문

2. 의료 분야

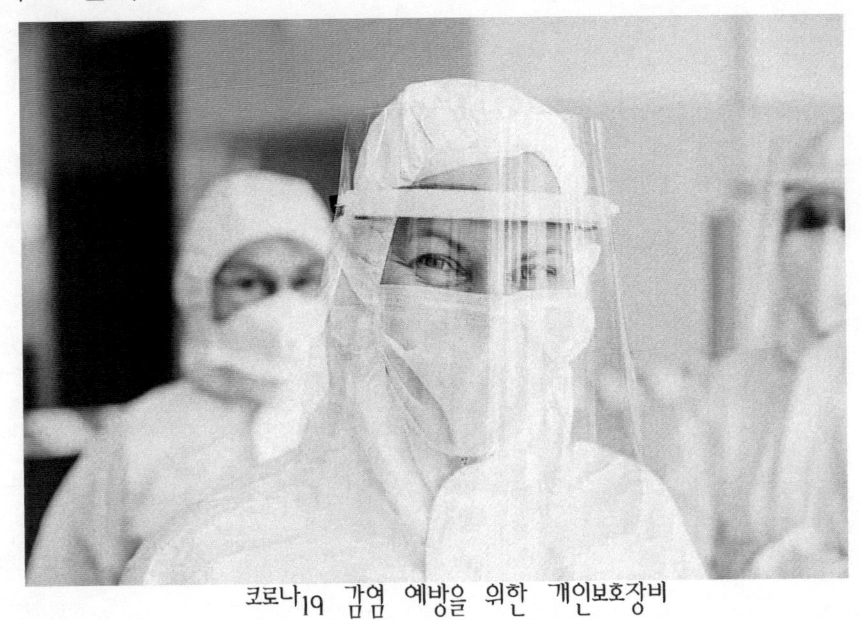

코로나19 감염 예방을 위한 개인보호장비

의료기관에서는 코로나19에 감염된 사람들을 치료하기 위해, 그리고 더 이상의 확산을 막기 위해 의료진과 방역 요원들이 하루하루 사투를 벌이고 있다. 뉴스에 나오는 의료진의 모습을 보면 우주복과 같은 보호장구를 갖추고 일하고 있다.

현재 질병관리본부에서는 의료진들이 '레벨 D'의 개인 보호구 세트와 N95 호흡보호구를 착용하도록 하고 있다. '레벨 D 개인 보호구 세트'는 전신 보호복과 신발 위에 신는 오버부츠, 마스크, 고글, 장갑으로 구성되어 있다. 활동의 제약을 최소화하는 선에서 최대한 온 몸을 감싸 병원체로부터 의료진을 보호하는 것이다.

미국 산업안전보건청 (Occupational Safety and Health Administration, OSHA)은 호흡기, 피부, 눈 보호도에 따라 보호장구를 A~D레벨로 분류하고 있다. OSHA는 코로나19보다 전염력이 강한 것으로 알려진 MERS(메르스)나 SARS(사스) 유행 당시에도 의료진들에게 '레벨 D' 수준의 개인 보호구 세트를 권장했다.

1.

신체 전체를 외부 환경으로부터 최대한 차단해주는 전신 보호복

의료진이 착용하는 전신 보호복은 환자의 비말과 같은 전염성 체액이나 혈액으로부터 보호할 수 있는 기능을 갖추는 것이 무엇보다 중요하다. 따라서 의료진은 '항 바이러스 박테리아에 대한 보호도', 즉 EN14126 규격을 충족한 보호복을 입는다. EN은 유럽표준으로 우리나라에는 EN14126 규격이 없지만 재료 시험에 해당하는 4가지 시험규격(ISO 16603, ISO16604, ISO 22610, ISO22612)이 KS규격화 되어있다.

2.

코와 입을 보호하는 마스크

마스크는 공기 중으로 전파되는 미생물의 전파 및 감염을 막아 착용자를 보호한다. '레벨 D' 개인보호구와 대응하는 착용 권장 마스크는 N95다. 'N95'는 일반적으로 입자가 잘 투과되는 크기 범위(0.1~1.0 ㎛)에서 건식 입자를 95%이상 걸러준다는 것을 의미한다. 코로나19의 주요 감염경로로 알려진 비말감염은 5μm 이상 큰 비말 입자에 실린 바이러스에 의한 것으로, N95 마스크를 착용 시 바이러스를 효과적으로 차단할 수 있다.

3.

눈을 보호하는 고글

고글은 눈의 점막을 비롯하여 그 주변부를 병원균으로부터 지켜주는 역할을 한다. 의료진들은 최대한 많은 면적을 완벽히 차단하기 위해 일반 안경 형태의 고글보다는 밀폐형 고글을 착용하게 된다.[9][10]

---

9) https://www.3m.co.kr/
10) 보건복지부 산하 한국방역협회

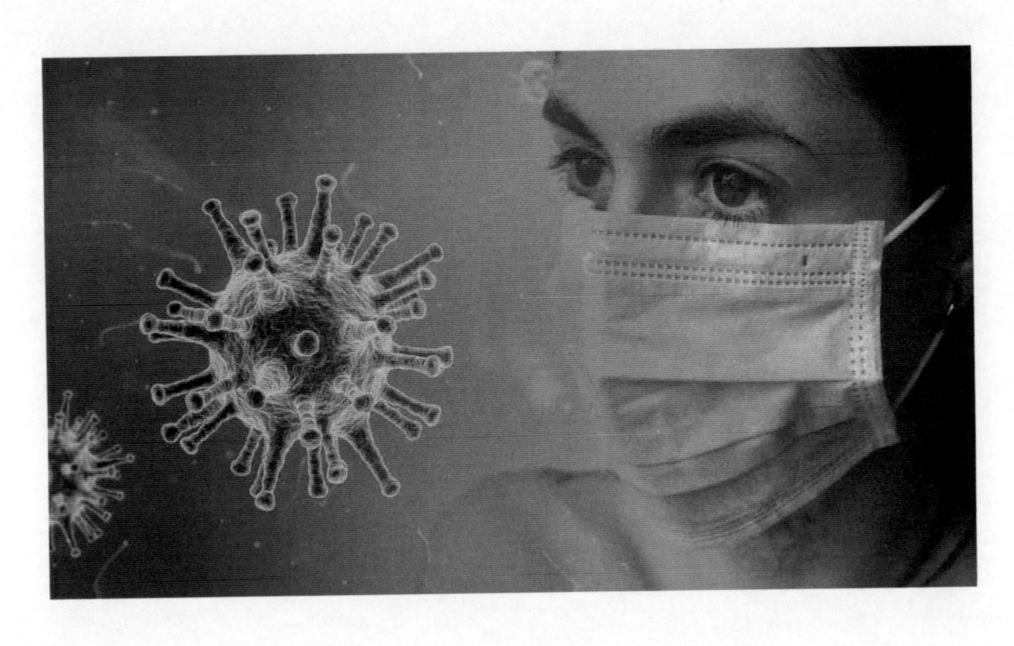

국내 연구팀, 코로나19 항바이러스 마스크 개발

한국재료연구원(KIMS) 나노바이오융합연구실 연구팀이 이온빔 기술을 적용해 구리나노박막이 코팅된 코로나19 항바이러스 마스크를 개발하는데 성공했다. 이번에 개발한 기술은 구리나노박막을 KF94 마스크 폴리프로필렌 필터의 손상없이 견고하게 부착하여 구리나노 입자의 독성문제를 해결하는 기술이다.

지금까지의 마스크 및 필터 제품은 구리나노입자가 포함된 고분자 섬유를 이용했다. 하지만 입자 형태의 구리는 섬유 표면에서 쉽게 분리되어 사람이 흡입할 수 있기 때문에 구리나노입자로 인해 인체 독성 문제를 일으킬 가능성이 있었다.

연구팀은 진공 롤투롤 장비를 활용한 플라즈마·이온빔 표면처리 기술을 이용해 구리나노박막이 코팅된 필터원단을 제조할 경우 코로나19 바이러스의 비활성화가 가능한 KF94 마스크 및 HEPA 필터 개발이 가능할 것으로 예상했다. 또한 재료연과 방역소재 공동연구를 수행 중인 국립마산병원과 실제 코로나19 바이러스를 활용한 성능 검증을 계획하였다.

또한 연구팀은 폴리프로필렌 필터 섬유를 이온빔으로 처리한 후, 20나노미터의 구리박막을 진공 증착시켰다. 이온빔 공정으로 생성된 표면개질층이 구리나노박막의 박리

를 막아 구리나노입자의 호흡기 침투에 의한 부작용을 방지할 수 있도록 했다. 이 기술이 적용된 KF94 마스크의 입자포집 효율은 필터 섬유의 손상이 없기 때문에 기존의 KF94 마스크와 유사한 수준을 보였다. 또한 연구팀은 현재 유행 중인 실제 코로나19 바이러스(SARS-CoV-2)를 마스크 표면에 1시간 접촉시켜 약 99.9% 이상의 비활성화를 확인했다. 이 연구성과는 과기정통부가 지원하는 한국재료연구원 주요사업인 '저온 플라즈마 응용 병원체 제거 소재 및 시스템 개발' 과제로 수행됐으며, 연구결과는 고분자 분야 학술지인 폴리머스(Polymers)에 게재됐다.[11]

마스크 2차 감염 막는 코로나19 살균 필터 개발

국내외 공동 연구팀이 마스크에 적용할 수 있는 코로나19 바이러스 살균 섬유 필터를 개발했다. 한국연구재단은 성균관대 김교수 연구팀과 미국 노스캐롤라이나주립대·호주 RMIT 대학 연구팀이 공동으로 항균 효과가 뛰어난 기능성 소재가 코팅된 섬유 필터를 개발했다고 밝혔다. 기존 다공성 필터를 이용한 선택적 여과나 정전기적 흡착 방식은 병원체를 제거하는 것이 아닌 걸러내는 방식이어서 필터 표면의 2차 오염 문제가 발생한다. 구리 등 항균 소재로 필터 표면을 코팅하는 방식이 대안으로 떠오르고 있지만, 구리를 섬유 소재에 밀착시키기 어렵다는 한계가 있다.

연구팀은 갈륨과 구리 합금 소재를 ㎛(마이크로미터·100만분의 1m) 크기의 초소형 입자로 만들어 고밀도로 섬유에 코팅, 기계적 강도가 높고 항바이러스 효과가 뛰어난 살균 필터를 개발했다. 살균 효과가 뛰어난 구리에 섬유와의 결합력이 강한 액체 금속 갈륨 입자를 도입, 금속 입자와 섬유 표면 간 강한 인력을 유발하는 데 성공했다.

연구팀이 코로나19 바이러스의 스파이크 단백질을 이용해 이번에 개발한 필터의 항바이러스 효과를 실험한 결과, 갈륨-구리 합금이 코팅된 섬유에 배양한 바이러스는 5분 안에 99.99%가 사멸한 것으로 나타났다. 반면 판지 소재에서 바이러스가 제거되는 데는 24시간, 플라스틱과 스테인리스강 표면과 구리 표면에서는 각각 2~3일, 4시간 걸렸다. 갈륨-구리 합금 소재는 코팅 안정성도 높아 재채기나 기침 등에도 입자가 거의 떨어지지 않았지만, 구리만 코팅한 소재에서는 25%의 입자가 떨어진 것으로 나

11) 코로나19 바이러스 죽이는 국내 마스크 개발 2021.5.13.사이언스타임즈

타났다.

김교수는 “제작 공정이 간단하고 비용도 저렴해 기술이전만 된다면 1년 안에 상용화가 가능하다”며 “마스크뿐만 아니라 공기청정기 필터 등으로도 활용할 수 있을 것”이라고 말했다. 이번 연구 결과는 국제 학술지 ‘어드밴스트 머티리얼스'(Advanced Materials) 온라인판에 실렸다.[12)]

국내 벤처기업, 구리이온 효과를 응용한 항바이러스 마스크 개발

신종 코로나바이러스 감염증(코로나19) 사태로 마스크 수요가 늘어나는 가운데, 국내 한 벤처기업이 바이러스 살균 마스크를 개발해 주목받고 있다. 메디파이버는 구리이온을 섬유 표면에 이온 결합시켜 바이러스를 사멸시키는 기능을 갖춘 항바이러스 마스크 '바이러스 버스터 블루마스크(블루마스크)'를 개발하고 양산체제에 들어갔다. 블루마스크는 구리이온의 효과를 응용한 제품이다. 바이러스와 접촉한 구리 이온은 '미량동작용'을 통해 바이러스의 껍질 단백질을 파괴하고 동시에 바이러스의 RNA를 분해해 바이러스를 사멸시키는 작용을 한다. 또 바이러스와 함께 세균도 살균하는 효과를 제공한다.

블루마스크에 적용된 구리이온 결합 고분자섬유 'CAZ'는 분자구조상 구리이온을 섬

12) “마스크 2차 오염 막는다” 코로나19 살균 필터 개발 2021.10.26. 사이언스타임즈

유 표면에 강력하게 이온 결합한 섬유 재료로, 메디파이버가 개발·생산해 현재 마스크 뿐만 아니라 바이러스 살균 장갑, 의료용 가운, 방역복 등에 재료로 쓰이고 있다. 메디파이버 관계자는 "블루마스크는 나노 멤브레인필터가 바이러스를 차단하고 CAZ 섬유가 바이러스를 파괴하는 2중 구조로, 접촉된 바이러스는 1분 내 99.8% 사멸된다"며 "1회 사용이 아닌 세척해 여러 번 반복 사용할 수 있어 국민들의 경제적 부담도 덜어 줄 것"이라고 말했다.

이어 "일반 마스크를 구성하는 4개 레이어(layer) 중 맨 바깥쪽 부직포만 CAZ 원단으로 대체하면 바이러스 살균 마스크로 만들 수 있다"며 "바이러스 살균 기능에 관심 있는 타 마스크 생산업체의 참여도 기대한다"라고 덧붙였다.[13)]

미국 의료 개인보호장비 시장, 코로나로 인해 수요 급증

미국에서 신종 코로나바이러스 감염증(코로나19) 억제를 위한 봉쇄 조치가 완화, 경제활동이 재개되면서 마스크와 손 소독제, 얼굴 가리개 등 개인보호장비에 대한 수요가 더욱 급증하고 있다. 이처럼 치솟는 수요를 공급이 따라가지 못하면서 개인보호장비에 들어가는 각종 원자재 가격이 폭등하고 있다. 손 소독제용 알코올 가격은 2020년 1월 이후 세 배까지 폭등했다. 투명 플라스틱 소재인 플렉시글라스(Plexiglass) 시트는 제품을 받기까지 대기 시간이 수주가 아니라 수개월에 달한다. 많은 회사가 마스크 생산에 쓰일 원단 확보에 혈안이 됐다.

개인보호장비 시장에서 지금까지 초점은 코로나19와의 전쟁 최전선에서 싸우는 의료 종사자들에게 맞춰져있었다. 대표적인 품목이 바로 N95 마스크다. 그러나 이제 경제의 무수히 많은 부문이 활동 재개에 들어가면서 개인보호장비에 대한 어마어마한 수요가 창출되고 있다.

이 때문에 품귀 현상을 보이는 개인보호장비와 체온 감지 카메라 등을 확보하는 능력이 기업 실적을 판가름하게 된다. 이런 능력이 있을수록 그만큼 경쟁사보다 신속하고 원활하게 공장이나 매장 운영을 정상화할 수 있기 때문이다. 월트디즈니와 맥도날드 등 대기업이 직원과 고객을 보호하기 위한 물품 확보에 총력을 기울이면서 미국의

---

13) 메디파이버, 바이러스 살균 마스크 개발 2020.03.19. 아이뉴스24

중소기업들은 그만큼 더 어려운 처지에 놓인 상황인 것으로 알려졌다.[14)]

베트남, 세계적 PPE 공급국으로 부상

세계은행그룹(World Bank Group) 회원사인 국제금융공사(IFC)에 따르면 베트남은 세계적으로 새로운 개인보호장비(the new personal protective equipment, PPE) 공급국 중 하나로 부상했으며 2020년 PPE 제조능력이 6배 이상 급증한 것으로 알려졌다.

국제금융공사는 "베트남은 코로나 팬데믹으로 인한 개인보호장비 수요 증가에 맞춰 자국내 섬유·의류 제조기업들이 연합으로 비상사태에 발빠르게 대응한 시장 전략으로 ▲해외시장으로부터 의류 주문 취소에 대한 손실 보전과 ▲새로운 시장 개척 그리고 ▲신 사업으로 확장 가능성도 열게 됐다"고 진단했다. 이어 "전세계는 코로나19 상황으로 글로벌 공급망(특히 PPE를 포함한 의료 공급의 측면에서)의 복원력을 한계까지 시험했다"고 전했다.

가레스 워드 주베트남 영국대사는 "베트남이 영국 정부 지원 프로그램의 우선 국가로 선정되어 매우 기쁘다"면서 "베트남 기업들은 숙련된 노동력으로 PPE 공급시장에서도 세계적으로 성공할 가능성이 많다" 전망했다. 이어 "코로나19 확산을 억제하고 관리하는 데 도움이 되는 저비용 고효율, 양질의 PPE 제품들이 전세계적으로 코로나 위기 대응에 필수적"이라고 강조했다.

한편 베트남섬유의류협회(the Vietnam Textile and Apparel Association) 부두크 지앙 회장은 "코로나 팬데믹에 대한 즉각적인 대응으로 개인보호장비(PPE) 제품을 생산하기 시작한 일부 섬유 제조업체들은 현재도 사업 병행 또는 전환 등으로 여전히 PPE 제품을 생산 및 납품하고 있으며, 차제에도 공급 기업으로 남아 기업의 중장기 사업 기회로 여기고 있다"고 밝혔다.[15)]

---

14) 미국 개인보호장비 시장, 코로나19에 급성장…올해 시장규모 15% 확대 전망. 2020.6.1. 이투데이
15) IFC "베트남, 새 개인보호장비 공급국 중 하나로 부상" [KVINA] 2021-06-17. 한국경제TV

한국과 중국, 코로나 개인보호장비 원료 경쟁 중

인도네시아에서 코로나19 사태로 인해 개인보호장비(PPE) 제조를 위한 원료가 부족해짐에 따라 한국과 중국 기업들의 원료확보 경쟁이 치열한 것으로 알려졌다.

온라인 매체 와타이코노미 등에 따르면 인도네시아의 투자조정위원회(BKPM) 책임자 바릴 라하달리아는 "전 세계가 현재 PPE의 원료를 놓고 싸우고 있다. 선진국들도 빈곤을 겪고 있다"며 PPE의 부족함을 극복하기 위해 최대한 협력할 것이라고 말했다. 바릴은 특히 인도네시아에서 한국과 중국기업이 PPE 원자재를 놓고 경쟁하고 있다면서 PPE의 원활한 공급을 위해 양질의 원료를 제공할 수 있도록 하겠다고 밝혔다.

바릴은 BKPM 관계자들과 PPE의 원활한 생산을 위해 웨스트 자바 보고르에 있는 PT GA 인도네시아 공장을 방문했다. PT GA는 이미 유해 물질 의류에 대한 마케팅 허가를 받았으며 코로나19 처리에 필요한 유해 물질 의류를 국가 재난 관리 기관(BNPB)이 이행하도록 돕겠다고 약속했다.

PT GA 인도네시아는 웨스트 자바에 위치한 5개의 다른 한국 의류 회사와 함께 인도네시아 한국 네트워크(IKN) 재단과 한국협회(Korean Association)에 통합돼 있다. 이 컨소시엄은 인도네시아의 PPE 의류 수요를 충족시키기 위해 협력한다.
PT GA 인도네시아의 송성욱 이사는 인도네시아에서 PPE를 만들 수 있도록 인도네시아 정부가 이 제품에 대한 마케팅 허가를 신속하게 내주었다고 말했다. 원료가 충분하면 컨소시엄은 하루 최대 10만 개까지 생산할 수 있다. 원료가 공급된다면 생산을 늘릴 준비가 돼 있다고 덧붙였다.[16)]

16) [글로벌-Biz 24] 한국과 중국기업, 코로나 개인보호장비(PPE) 원료 놓고 경쟁 치열 2020.4.7. 글로벌이코노믹

3. 풍력발전 분야

글로벌 개인보호장비 시장, 풍력발전 산업 성장에 따른 것

글로벌 개인 보호 장비(PPE)의 매출은 풍력발전 산업의 성장에 따라 **2020년 4억 920만 달러에서 2025년까지 5억 1,460만 달러로, 연평균 4.7% 성장**할 것으로 전망되고 있다. 글로벌 개인 보호 장비(PPE)시장 성장의 주요 원인은 **풍력 발전 단지의 설치 및 유지 보수 서비스의 증가**, 그에 따른 고용 기회 창출, 풍력 에너지 PPE의 중요성에 대한 인식도 제고, 위험한 작업 환경의 등장, 엄격한 규정 준수 등으로 분석된다.

유럽은 풍력 발전 관련 개인 보호 장비(PPE)의 최대 시장으로, 2020년 매출을 기준으로 약 44.4%의 시장 점유율을 기록하였으나, 향후 아시아 태평양 지역에서 가장 높은 성장률을 보일 것으로 예상된다. 특히 근해 및 육상 풍력 발전 단지와 고용 기회 증가가 예상됨에 따라, 아시아 태평양 지역은 가장 높은 성장률이 전망되며, 매출은 2020년 1억 2,360만 달러에서 2025년 1억 5720만 달러로 확대될 예정이다.

실제로 EU와 영국의 2020년 풍력발전 비중은 전체 발전량의 16.4%를 점유했으며, 2050년 50%를 목표를 향해 순항중이나, 코로나19로 인해 봉쇄조치, 허가 지연이 되

면서 위험요소로 지적되고 있기도 하다. 한편, 유럽 국가별 전체 전력생산 가운데 풍력발전 비중은 덴마크 약 50%, 아일랜드 40%, 독일과 영국이 각각 27%를 기록하는 등 풍력발전 비중이 확대되었다. 현재 독일과 네덜란드가 가장 많은 풍력발전 인프라를 보유하고 있으며, 스웨덴, 터키, 폴란드, 러시아 등도 설비 확충에 적극적으로 나서고 있다.

유럽 풍력에너지단체 WindEurope은 2030년 신재생에너지 목표달성을 위해, 현재 220GW 수준인 풍력발전능력을 연간 18GW씩 확대해야 한다고 강조했다. 현재 연간 발전능력 증가치는 목표보다 약 3GW 부족한 15GW 수준이며, 코로나19, 신규 건설 허가 지연 등으로 더 감소할 수 있다.

한편, 유럽 전력업계는 풍력발전 확대와 관련, 노후화된 터빈 등 설비교체와 정부의 풍력발전 건설 허가지연 등이 향후 위험요소라고 지적했으며, 풍력발전 가운데 약 26GW 설비가 향후 5년 내 건설 20년을 경과하고 1.5GW 설비는 30년을 경과하여, 터빈 노후화 등 문제로 향후 5년간 약 7GW 정도의 풍력 발전능력이 감소할 전망이다. 업계는 터빈 등 설비 노후화 및 교체 문제가 풍력발전능력 향상의 걸림돌이며, 환경 우려에 따른 정부의 신규 풍력발전 허가 지연도 향후 위험요소라고 언급했다. 이에, 코로나19 경제회복기금을 이용한 풍력발전 그리드 확대, 해상풍력에너지 수송을 위한 항만 및 도로정비 등 집중 투자가 촉구되는 실정이다.[17]

미국은 2020년 12월 31일까지 운용이 개시된 풍력 발전 시스템에 한해, 연방 기업에너지 투자와 세금 공제(ITC) 또는 연방 재생 전기 생산 세금 공제(PTC)를 통해 건설 비용에 세제 혜택을 지원하고 있다. 글로벌 시장조사 기관인 IBIS 월드에 따르면 2021년 미국 풍력터빈 시장 규모는 전년대비 16.0% 성장한 112억 달러이다. 풍력발전 산업의 확장과 함께 미국 풍력터빈 시장은 2026년까지 향후 5년간 연평균 2.3%씩 성장하여 2026년에는 125억 달러가 될 전망이다.

중국은 2020년에 발전 용량이 총 11.4GW에 달하는 풍력 발전 사업을 보조금 지원 없이 승인하기도 했다. 치엔잔산업연구원(前瞻产业研究院)의 2020년 중국 풍력발전산

---

17) EU 2020년 풍력발전 비중 16.4%...2050년 50% 향해 순항.2021-02-26.KITA.net

업에 대한 자료에 따르면 2020년까지 중국의 풍력발전 설비 누적 용량은 2조 8153억 킬로와트(kw)로 전년 대비 34.6%의 증가율을 기록했으며 중국 전체 발전설비 용량의 약 12.8%를 차지했다. 그 중 육상 풍력발전 설비 누적 용량은 2조 7100억kw, 해상 풍력발전 설비 누적 용량은 약 900만kw였다. 중국국가에너지국의 통계에 따르면 2020년 중국의 신규 풍력발전설비는 7167만kw로 전년 대비 178%의 증가를 기록했다.

이와 같은 중국 풍력발전산업의 성장은 풍력발전 관련 기업들과 대학 및 연구소가 함께 풍력발전 산업 클러스터를 형성하여 시너지 효과를 창출하고 있고 중국 로컬 기업들인 진펑과기 (金风科技), 밍양풍력발전(Ming Yang, 明阳风电), 인비전(Envision, 远景能源) 등이 다른 선진국 업체들과의 가격 경쟁력에서 우위를 점하면서 이윤을 꾸준하게 창출하고 있기 때문에 가능했다.[18]

한편 **영국**은 2020년 6월에 새로운 경쟁 입찰 시스템을 공개하면서 그동안 육상 풍력 발전 단지에 적용되는 보조금 지급 금지 조치를 해제한다고 밝히고, 부유식 해상 풍력 발전 사업의 승인 방침 발표하였다.

개인보호장비의 부분별 제조 전략

개인 보호 장비(PPE)시장에서 규모가 가장 크고 빠르게 성장하는 제품은 **추락 방지 장치**로써, 2020년부터 2025년까지 추락 방지 PPE 시장은 연평균 5.1%의 성장이 예상된다. 풍력 발전 관련 개인 보호 장비(PPE)에는 보호복 및 목 위, 호흡기, 손, 발 보호 제품과 추락 방지 장치를 포함한다. 화학, 원자재 분석 전문가에 따르면 해상 풍력 발전 단지와 전력망은 개인 보호 장비(PPE) 사용을 더욱 활성화 시킬 것으로 전망된다.

해상 풍력 발전 터빈은 바람에 꾸준히 노출되기 때문에 더 많은 전기를 생산할 수 있지만, 건설, 수리 및 유지보수에는 기존의 육상 풍력 발전 터빈보다 더 많은 인력이 소요되기 때문에, 업계에서는 개인 보호 장비(PPE) 사용이 증가하는 추세다. 또한,

18) 풍력 발전에 열 올리는 중국. 2021.9.10.프레시안

풍력 발전 산업에 유리하게 작용하는 재생 가능 포트폴리오 표준(RPS)의 도입과 함께, 세금 및 재정적 장려책은 풍력 에너지를 보급하는데 중요한 역할을 수행하는 덕분에, 전 세계적으로 PPE 사용도 증가하고 있다.

수익성 제고를 위해 개인 보호 장비(PPE) 제조사들은 다음과 같은 전략적인 권고 사항을 검토할 필요가 있다. 먼저, **얼굴/머리 보호** 개인 보호 장비(PPE) 분야 주요 제조사들은 기존 시장에서 입지를 강화하고 아직 미개척 시장에서의 인수 합병을 통해 성장할 것으로 전망된다. 얼굴/머리를 보호하는 개인 보호 장비(PPE)는 앞으로 여러 기능을 하나의 제품에 통합시킨 맞춤형 솔루션으로 진화할 가능성이 높을 것으로 예상된다. 또한, 기술의 발전은 또한 한 차원 업그레이드된 능동식 소통이 가능한 귀마개, 맞춤형 귀마개, 보호 안경, 스마트 헬멧에 대한 선호도를 높여, 시장 성장을 주도할 것으로 기대된다.

호흡기 보호 개인 보호 장비 분야는 필터 기술의 발전으로 인해, 앞으로 플라스틱 필터를 완전히 대체할 것으로 예상되는 호흡기 보호용 부직포 필터의 사용이 증가하고 있다. 실리카가 인체에 미치는 악영향에 대한 인식이 높아지고 호흡 가능한 결정질 실리카 표준(29 CFR 1926.1153)의 시행은 호흡기를 보호해줄 수 있는 PPE의 수요에 긍정적인 영향을 미칠 것으로 예상된다.

보호복 개인보호 장비 분야는 비교적 비용 효율성이 우수한 제품으로, 풍력 발전 산업에서는 재사용이 가능한 내화(FR) 기능을 갖춘 보호복이 개인 보호 장비(PPE) 시장을 주도할 것으로 예상된다. 특히, 고유 FR 보호복은 세탁을 여러 번 하더라도 보호복의 고유한 보호 능력이 감소하지 않기 때문에 단순히 내화 처리가 된 FR 보호복보다 고유 FR 보호복에 대한 선호도가 증가하고 있다.

손 보호 개인보호 장비 분야는 제품 혁신과 제품 다양화가 개인 보호 장비(PPE) 제조사들이 경쟁력을 유지하는데에 도움을 줄 것이다. 손을 보호하기 위한 PPE와 관련된 혁신 제품 중에는 뛰어난 그립과 보호 기능을 제공하는 고성능 폴리에틸렌(HPPE)을 이용해 만든 장갑이 대표적이다.

결론적으로 글로벌 개인 보호 장비(PPE)시장에서 풍력 발전 산업은 정부 장려책과 사업을 기반으로 꾸준히 성장 중이며, 이를 통해 지속 가능하고 환경친화적인 발전 성장 전략으로 성장 기회를 창출할 것으로 예상된다.[19]

4. 건설분야

건설현장, 안전장비로 인한 산업재해 빈번

건설현장 3곳 중 2곳은 안전장비가 제대로 갖춰지지 않아 노동자가 일하다 추락하거나, 추락했을 때 큰 피해로 번질 위험이 있는 것으로 나타났다. 고용노동부는 전국 3545개 건설현장을 일제 점검한 결과 2448개(69.1%) 사업장에 안전조치 미비로 시정을 요구했다고 밝혔다. 2020년 산업재해로 사망한 노동자 총 882명 중 458명(51.9%)이 건설업 종사자였다. 점검 결과 계단 측면에 안전난간이 설치돼있지 않은 건설현장

---

19) 『기술사업화 이슈&마켓:: 글로벌 개인 보호 장비(PPE) 시장, 친환경 발전 전략으로 성장 기회 창출』 2021.05.25. 이노폴리스 연구개발특구진흥재단, Frost & Sullivan Blog

이 1665개로 가장 많았다. 노동자의 안전모 미착용 등 개인보호구 관련 지적 현장이 1156개, 추락 위험이 있는 장소인데도 작업발판 미설치 등 지적을 받은 현장이 834개였다. 그외에 개구부 덮개 등 안전시설이 부실하게 설치된 현장이 382개, 추락 방호망과 안전대 부착설비 미설치가 347개였다.

대부분의 건설현장은 복합적으로 안전조치가 미흡한 상태였다. 10건 이상을 지적받은 현장은 65개나 됐다. 6~9건은 118개, 4~6건은 468개였다. 30건 가량의 지적을 받은 곳도 있었다. 이번에 점검한 건설현장은 공사 규모가 10억원 미만으로 소규모인 곳이 86.9%다.

이에 대하여 노동부는 점검을 통해 건설현장의 자율적인 안전조치를 유도한다는 점을 강조했다. 또한 산업안전보건본부 출범을 선언하면서 격주로 '현장점검의 날'을 지정하고 산업안전보건감독관 등 1800명을 동원해 끼임과 추락 사고 예방을 위해 전국 일제 점검을 시행한다고 밝혔다.[20]

여성 건설노동자 위한 개인안전장비 필요

여성 건설노동자가 꾸준히 늘고 있는 반면 건설 현장에서 안전모·안전벨트·안전화 등과 같은 안전장비는 남성 사이즈만 지급되고 있는 것으로 드러났다. 최근 6년간 여성 건설노동자는 2015년 15만 5천 명에서 2021년 7월 기준 22만 1천 명으로 42.6% 증가했다. 건설업 종사자 가운데 여성이 차지하는 비율도 같은 기간 8.4%에서 10.4%로 늘었다.

통계청 '건설업 취업자 현황'자료를 보면 여성 건설노동자는 2015년 15만 5천 명, 2016년 15만 1천 명, 2017년 18만 명, 2018년 21만 명, 2019년 20만 2천 명, 2020년 20만 8천 명, 2021년 7월 기준 22만 1천 명으로 지속적으로 증가했다. 건설업 종사자 가운데 여성이 차지하는 비율도 2015년 8.4%, 2016년 8.1%, 2017년 9.1%, 2018년 10.3%, 2019년 10%, 2020년 10.3% 2021년 7월 기준 10.4%를 기록해 6년간 8.4%에서 10.4%로 늘었다.

[20] 건설현장 3곳 중 2곳은 안전장비 미흡…30건 지적된 곳도. 2021.07.19. 경향신문

고용노동부 '산업안전보건기준에 관한 규칙' 제32조(보호구의 지급 등)에 따라, 사업주는 작업을 하는 근로자에 대해서 그 작업조건에 맞는 보호구를 작업하는 노동자 수 이상으로 지급하고 착용하도록 해야 한다. 그러나 해당 규칙에는 노동자 신체 사이즈를 고려해야 한다는 조건이 없을 뿐만 아니라 현실적으로 사업주의 추가적인 비용 부담이 발생해 실제 현장에서는 여성노동자의 신체 사이즈보다 큰 남성 위주의 보호장비만 지급되고 있다.

이에 여성 노동자들은 안전장비가 헐거운 상태에서 작업을 하거나, 개인 비용을 들여 보호구를 구입하고 있는 실정인 것으로 알려졌다.[21)]

국토부, 건설 노동자 위해 스마트안전장비 도입

이와 같이 건설현장에서 개인보호장비의 필요성이 더욱 대두되고 있는 가운데, 국토교통부는 안전한 건설현장를 위해 스마트 안전장비 도입을 위한 안전관리비 항목을 확대하고, 입찰과정에서 품질관리비에 낙찰률 적용을 배제하는 등 적정 공사비 반영을 위한 **'건설기술 진흥법'** 하위법령을 최근 시행하고 있다고 밝혔다.

이에 국토부는 안전관리비 항목에 무선통신와 설비를 이용한 안전관리체계 구축·운용비용을 추가했다. 건설현장에 사물인터넷(IoT), 빅데이터 등을 활용한 스마트 안전장비 도입 등 첨단기술 활용해 위험요소를 사전에 제거해 현장 노동자의 안전 확보를 최우선 한다는 계획이다. 건설현장노동자의 안전을 위한 '스마트안전장비'는 스마트 개인안전보호구, 건설장비 접근 경보시스템, 붕괴위험경보기, 스마트 터널 모니터링 시스템, 스마트 건설 안전통합 관제시스템 등이 있다.

특히 공공공사는 '공공공사 추락사고 방지에 관한 지침'에 따라, '스마트 안전장비' 도입을 의무화했다. 이번 개정안을 통해 민간공사도 '스마트 안전장비'를 사용하는 경우 발주자가 비용을 지불하도록 근거를 마련했다. 또한 입찰공고 때 발주자는 품질관

---

21) [국감] "여성 건설노동자 증가에도 안전장비는 남성 사이즈만". 2021.10.5. 여성신문

리비와 구체적인 산출근거를 설계도서에 명시하고, 입찰참가자는 발주자가 명시한 품질관리비를 조정 없이 반영해 품질관리비는 낙찰률 적용을 배제할 수 있다. 국토부는 이번 개정으로 스마트 안전장비 등 첨단기술을 이용한 건설현장 안전관리가 확산되고, 적정 품질관리비 확보를 통해 건설공사 품질 향상에 기여할 것으로 기대하고 있다.[22)]

2023 한국건설안전박람회의 스마트 안전장비

국토교통부와 고용노동부가 후원하는 한국건설안전박람회는 올해 5회를 맞은 국내 대표 건설안전 전시회다. 올해는 250여 개 부스에서 스마트 안전관리 솔루션, 스마트 안전장비, 인공지능 산업안전 솔루션, IoT를 접목한 산업안전기술, 모바일 건설 협업 툴 등 지속 가능한 건설 안전을 위한 다양한 첨단 기술을 선보였다.

이번 전시회에서 휴먼 세이프티 솔루션 기업 세이프웨어는 국토교통부 산하 한국스마트건설안전협회 특별 부스에서 대표 모델인 추락방지용 스마트 웨어러블 에어백 C3와 모빌리티용 에어베스트 M시리즈를 선보했다.

세이프웨어의 C3는 추락 사고로 인한 중상을 방지해 주는 안전조끼로 내장된 감지 센서를 통해 작업자의 추락이 감지되면 전자식 인플레이터가 내장된 에어백을 0.2초 만에 팽창시켜 머리, 경추, 척추, 가슴, 골반 등 중상에 취약한 신체 부위를 보호한다.

함께 선보이는 M시리즈는 라이딩 중 충돌 또는 미끄러짐 사고로 인한 부상을 방지해 주는 바이크/모빌리티용 웨어러블 에어백으로 C3와 동일한 조끼 형태지만 용도에

22) 국토부, 노동자 안전 최우선…'스마트안전장비'도입. 2020.03.23. 세이프타임즈

따라 디자인이 다른 M1과 M2 두 종류로 나뉜다. 간편한 착용이 특징인 에어베스트 M시리즈는 물리적 인장 방식을 채택해 충전이 필요 없으며 에어백과 바이크를 연결한 키볼이 이탈하면 에어백이 팽창하는 방식이다.

세이프웨어 신환철 대표는 "이번 전시회에서는 추락보호 스마트 에어백 C3와 M1, M2를 직접 착용해 볼 수 있고 일부 제품의 시연도 진행할 예정"이라며 "안전에 대한 인식이 그 어느 때보다 높은 시기에 세이프웨어의 제품이 산업 현장과 일상 모두의 안전한 환경 조성에 기여할 수 있도록 연구개발과 가치 확대에 더욱 노력할 것"이라고 전했다.[23)]

한편, 국제전자제품박람회인 CES 2021에서 혁신상을 수상한 ㈜에이치에이치에스(HHS)는 산업현장에서 사용하는 안전모에 생체신호처리 센서 모듈을 부착한 스마트 안전관리 관제 시스템을 시연했다. 이 시스템은 무선 뇌파 센서, 심박 센서 등이 장착된 모듈을 활용해 작업자의 집중도, 신체 상태 등을 실시간으로 모니터링하며, 작업 중 발생 가능한 각종 위험 상황을 줄일 수 있다. 에이치에이치에스는 이 시스템에 대해 "필요에 따라 센서별로 맞춤형 모듈을 제작할 수 있어, 건설현장을 포함한 여러 산업분야에서 활용 가능하다"고 말했다.

이 회사는 울산 지역의 스마트팩토리에서 국내 한 이동통신사와 한 달가량 협업하는 실증테스트를 앞두고 있으며, 전용 애플리케이션을 통해 센서 데이터 및 시스템의 정확성, 유용성 등을 검증할 예정이다.[24)]

---

23) 세이프웨어, '2023 한국건설안전박람회'참가...스마트 에어백 3종 선보인다. TECHWORLD. 2023.09.13

24) 산재 예방 안전관리 강화, 스마트 안전장비 업계 '꽃피운다'.2021.9.17.산업일보

기존 건설현장의 안전관리시스템(SMS)의 문제점

현재 건설현장에서 운영 중인 안전관리시스템 문제점은 시스템이 구축되었지만 원하는 형태의 정보가 부족하여 활용가치가 없다는 것이다. 관리자들은 시스템운영 방법을 모르고, 재해달성을 위해서는 무조건 현장안전교육과 패트롤(안전지킴이)에만 치중하라는 지시에 따라 사전예방을 위한 새로운 기술도입에는 소극적일 수밖에 없다.

또한 대부분 현장위험표식과 업무메뉴얼을 가지고 운영함에 있어서, 재해 예방 활동 관련 시스템은 존재하지 않는다. 이러한 문제점들과 시행착오로 인해 안전관리시스템에 대한 현장 활용빈도가 떨어지고 있는 것이 현실이다. 안전관리시스템(SMS)의 문제점을 살펴보면 다음과 같이 세 가지의 문제점이 있다.

첫째, 실시간 데이터 수집부족 특성 때문이다. 현장에서 발생되는 위험 요인에 대한 데이터를 수집할 수 있는 IoT 기반 센서의 데이터가 없다. 따라서 수작업과 집계성 데이터도 시간으로나 방법적으로 획득에 어려움이 있어서 정보기술체계를 통한 데이터 확보가 쉽지 않다. 그래서 SMS를 통해서 산업재해에 대한 데이터 수집에 한계점이 존재할 수밖에 없다.

둘째, 현장업무 위험 프로세스의 자동화 구현 문제이다. 현장에 위험한 지역을 자동화해서 사전에 예방차원의 위험 프로세스 개선 노력이 부족한 현실이다. 그 이유는

위험 프로세스 자동화는 관리자의 시간, 비용, 노력 등이 소요되는 일이다.

셋째, 재해 사고를 사전에 예측, 예방할 수 있는 새로운 차원의 기술도입을 적용하려는 현장 관리자와 경영진의 기술 트렌드 변화의 관심 부족이다.

<table>
<tr><th>순번</th><th>재해유형</th><th>IoT 적용기술</th><th>IoT 적용장비</th></tr>
<tr><td>1</td><td rowspan="3">공통</td><td>근로자 위치감지</td><td>idBLE Tag</td></tr>
<tr><td>2</td><td>위험구역 접근통제</td><td>idBLE Tag,
gasBLE</td></tr>
<tr><td>3</td><td>경보, 알람</td><td>스마트 워치,
모바일, 스피커</td></tr>
<tr><td>4</td><td>추락</td><td>난간대 해체감지</td><td>센서</td></tr>
<tr><td>5</td><td rowspan="2">협착</td><td>장비협착방지</td><td rowspan="4">렌탈장비, 센서</td></tr>
<tr><td>6</td><td>장비과 상승방지</td></tr>
<tr><td>7</td><td rowspan="2">전도</td><td>장비 전도방지</td></tr>
<tr><td>8</td><td>과부하 여부감지</td></tr>
<tr><td>9</td><td rowspan="2">낙하/비래</td><td rowspan="2">미적용</td><td rowspan="2">미적용</td></tr>
<tr><td>10</td></tr>
<tr><td>11</td><td rowspan="3">충돌</td><td>TC 충돌감지</td><td>풍속센서,
기울기센서</td></tr>
<tr><td>12</td><td>풍속감지</td><td>풍속센서</td></tr>
<tr><td>13</td><td>흙막이 붕괴감지</td><td>센서</td></tr>
</table>

출처: 스마트 안전관리시스템 교육자료(현대건설, 2019)

따라서 위와 같은 안전관리시스템에 적용 가능한 IoT 기술이 필요한 것이다. IoT 신기술에서 보는 바와 같이 적용된 시스템은 많은 사람들이 시간을 절약시키고, 재해저감 결과 또한 개선시키거나, 더 좋은 아이디어를 창출해 내고 이를 전체 조직에 중요한 가치로 증가시키게 한다. 결국 성공적인 안전관리를 위해서는 구성원들에게 안전관리시스템(SMS)에 적용 가능한 IoT 기술에 의한 행동변화를 유도하는 것이 중요하다.

SSMS(Smart Safety Management System)의 구성

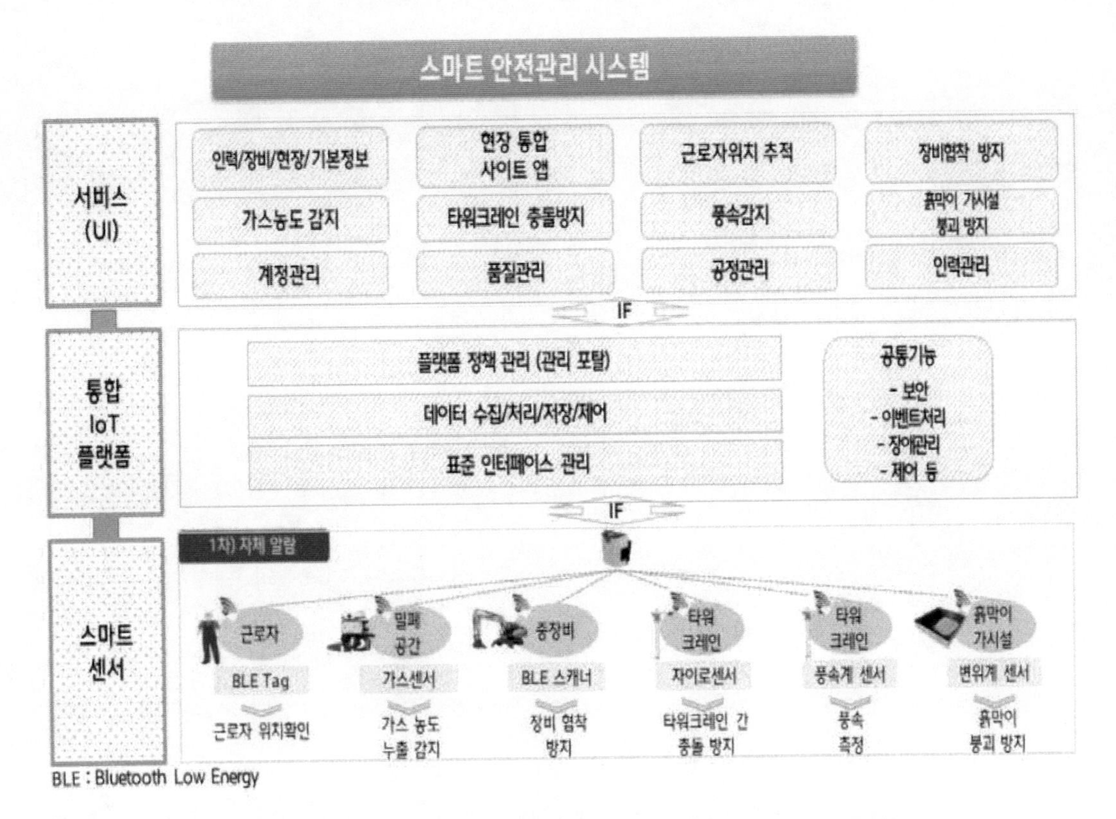

출처: 스마트 안전관리시스템 교육자료(현대건설, 2019)

그림에서 보는 바와 같이 스마트 안전관리시스템(SSMS)은 서비스(UI), 통합 IoT 플랫폼, 스마트 센서를 활용한 건설현장에서 적용 가능한 현장안전 6대 서비스에 대해서, 사전에 위험요인 값을 초기에 설정해서 입력해놓고, 실시간으로 다양한 센서와 네트워크를 통해서, 데이터를 추적함으로써, 근로자가 착용하고 있는 단말기(모바일, 웨어러블, 사이렌)를 통해 소리와 진동으로 위험구역 내 접근 시 위험신호를 사전에 알림으로써 산업재해를 사전에 예방하는 것이다.

SSMS 주요기능으로서 다음과 같은 다섯가지가 있다.

첫째, IoT 기반 센서를 활용하여 근로자가 위험지역에 접근했을 때 웨어러블 디바이스로 위험 알림 기능. 둘째, 안전재해 발생 시 전 근로자에게 실시간 대피방송으로 대형사고를 최소화 하는 기능. 셋째, 웨어러블 디바이스를 통해 근로자가 작업 중에도 쉽고, 안전하게 자동으로 위험 경보를 알림 하는 기능. 넷째, 안전재해에 대한 IoT 기

반 센서를 활용하여 근로자가 재해에 대해 안전하게 일할 수 있는 현장상황 모니터링을 구현한 실시간 현장 안전 관리 서비스 기능. 마지막으로 건설현장을 상시 모니터링을 통해서 실시간 정보공유가능체제로 실시간 정보가 본사와 현장이 협업 가능한 시스템으로 구성되어 있다.

근로자의 위치확인

근로자 위치확인 기능은 건설현장에서 근로자에게 BLE Tag와 웨어러블을 지급하고, 현장에 각 위험지역에 설치된 BLE 스캐너를 통해서 근로자의 현재위치 추적과 각 구역별 인원 수, 보안구역이나 위험구역의 진입 시 실시간으로 근로자 위험 지역에 대해서 상시 경보를 발생한다.

가스농도감지

가스농도감지 기능은 건설현장에서 가스농도 감지 HubBLE 센서를 설치하여, 각 구역별, 가스 센서 정보를 제공하여, 임계값 초과 시 알람경보를 발생한다.

장비협착 방지

장비협착 방지 기능은 건설현장에서 근로자에게 BLE Tag와 웨어러블을 지급하고, 굴삭기와 지게차 장비에 근로자 위치추적에 사용하는 중계기를 설치하여 장비주변에 위험구역으로 설정하고, 일정 거리 안에 장비에 비인가자 근로자 접근 시 알람경보를 발생한다.

타워크레인 충돌방지

타워크레인 충돌 방지 기능은 건설현장에서 타워크레인 간에 일정한 거리 미만으로 접근과 특정지점 접근 시 타워크레인 센서 에서 관제 및 운전자에게 알람경보를 발생한다.

흙막이 가시설 붕괴 방지

흙막이 가시설 붕괴 방지 기능은 건설현장에서 흙막이 가시설 계측기기의 값을 자동과 수동으로 입력하여, 흙막이 가시설 붕괴 조짐이 발생되면 즉시 알람경보를 발생한다.

풍속감지

풍속감지 기능은 건설현장에서 타워크레인에 설치된 풍속 센서의 데이터 값을 실시간으로 모니터링 하여 임계값 초과 시 알람경보를 발생한다.

SSMS의 특징

스마트 안전관리시스템 특징을 요약해보면 다음과 같이 네 가지로 정리할 수 있다. 첫째, 실시간 업무효율성을 들 수 있다. 기존에 시스템은 개별 현장관리 중심으로 진행되어, 통합관리가 어려워 본사와 현장간의 정보공유에 불편함이 있다. 이러한 비효율성을 SSMS의 도입으로 해소할 수 있다.

둘째, 정보의 이력관리와 정보저장이 실시간으로 관리가 가능하다. 여러 현장에서 발생한 안전관련 모든 정보가 한곳으로 집중관리 되어 실시간 데이터베이스 체계로 현장에 자료를 제공한다.

셋째, 사용자 편리성이다. 웨어러블, 모바일, 알람, 경보 등 새로운 기기를 활용하면서 기존과 같이 개인 PC에 어플리케이션 추가설치나 업그레이드가 필요 없으며, 언제 어디서나 활용할 수 있는 스마트한 개인 업무환경 제공이 가능하다.

넷째, 높은 확장성이다. 빅데이터, 인공지능, 증강현실, 가상현실 등 새로운 신기술 접목이 용이하고 또한, 업무포털시스템과 의 연동을 통해 다양한 업무형태로 활용이 가능하며 자료가 방대하게 증가했을 때 용량증설도 용이하다.[25)]

건설업계, 중대재해처벌법 시행을 앞두고 안전관리 대응책 강구

기업	추진 내역
삼성물산	·공 사 착수 위한 선급금과 함께 안전관리비 100% 선집행 ·법정 안전관리비 외에 안전강화비 신규 편성 운영 ·장비 위험제거장치 R.E.D 개발
현대건설	·협력사 안전관리 인센티브 확대 및 안전관리비 50% 선지급 제도 시행 ·건강이상 및 현장 이상 징후 사전 감지 안전 IoT 시스템 개발
GS건설	·현장 안전 총괄 '안전소장 제도' 도입 ·4족 보행로봇 보스턴다이내믹스 '스팟' 도입 ·4차 산업 IT기반 장비 활용 ·사무실에서 현장 상황을 실시간 모니터링하는 CMS시스템 운영
포스코건설	·안전벨트 부정체결 사례 감지 '스마트 안전벨트' 개발 ·터널공사에 자율주행 로봇 투입
대우건설	·CEO 직속 조직인 품질안전실을 강력한 컨트롤타워 기능을 가진 안전혁신본부로 격상 ·향후 5년간 안전예산 1400억원 투자 ·현장에 안전감독 인원 500명 상시 투입

건설업계가 **중대재해처벌법 시행**을 앞두고 안전관리 관련 비용을 신규 편성하는 등 대응책 모색에 나섰다. 관련업계에 따르면, 중대재해처벌법은 2022년 1월 27일부터 시행될 예정이다. 법안은 노동자 사망사고 등 중대재해가 발생한 경우 안전조치 의무를 제대로 이행하지 않는 사업주나 경영책임자에게 1년 이상 징역이나 10억 원 이하의 벌금에 처하고, 법인에게는 50억 원 이하의 벌금을 부과하는 등의 내용을 담고 있다.

이에 따라 삼성물산은 공사 착수를 위한 선급금과 함께 안전관리비를 100% 선집행하기로 했다. 현재 국내 건설현장은 산업안전보건법, 공사유형별 안전관리비 계상기준에 따라 공사 금액의 1.20%~3.43% 범위 내 안전관리비를 편성하고 있다. 또한 안전관리비 이외에 자체적으로 안전강화비를 신규 편성해 운영한다는 계획이다. 현장의

25) 『건설현장에서의 IoT 기반 스마트 안전관리시스템에 관한 연구』 2019.12. 숭실대 대학원 IT정책경영학과 김광배

자체 판단하에 안전 문제를 즉시 조치할 수 있도록 할 예정이다.

현대건설은 협력사 안전관리 인센티브 확대 및 안전관리비 50% 선지급 제도를 시행한다. 대우건설은 향후 5년간 안전예산에 1400억 원을 투자한다는 계획이다.

GS건설과 포스코건설은 로봇을 활용해 안전관리에 나섰다. GS건설은 4족 보행로봇인 '스팟'을 도입했으며, 포스코건설은 터널공사에 자율주행 로봇을 투입해 사고 위험도를 낮췄다. 대우건설은 현장에 안전감독 인원 500명을 상시 투입한다는 계획이다.[26]

이와 관련하여 구체적인 내용은 <스마트 안전장비 관련 기업>에 기술하였으니, 참고하시길 바란다.

국가철도공단 수도권본부가 특별 안전점검단 구성 및 **스마트 안전관리시스템 구축**을 통해 최대심도 지하 72m의 삼성~동탄 광역급행철도(GTX) 대심도 터널을 안전하게 시공하고 있다고 전했다.

공단에 따르면, 특별 안전점검단은 토질과 터널 분야의 외부전문가를 위촉해 안전점검 뿐만 아니라 단층대, 파쇄대, 지질이상대 등 시공 취약개소의 안전시공 대책을 적시에 제공하고 있다. 또한, 비콘 센서와 유해가스 환경센서, 건설 장비 어라운드뷰 등 사물인터넷(IoT) 기반 스마트 안전관리시스템을 현장에 도입해 인명사고 등 긴급상황

26) 건설업계, 중대재해처벌법 시행 앞두고 안전관리 총력 2021.11.1. 데이터뉴스

관리에도 만전을 기하고 있다.

수도권본부장은 "특별 안전점검단과 스마트 안전관리시스템 적용으로 현장 안전이 한층 개선될 것으로 기대한다"며, "앞으로도 공단이 안전시스템 혁신을 선도할 수 있도록 계속 노력하겠다"고 말했다.[27]

[27] 국가철도공단, 삼성~동탄 광역급행철도(GTX) 스마트 안전관리 선도. 2021.12.6. 쿠키뉴스

웨어러블 스마트 안전장비

스마트 PPE 및 안전장비 시장 분석

IV. 웨어러블 스마트 안전장비

1. 스마트 안전의류

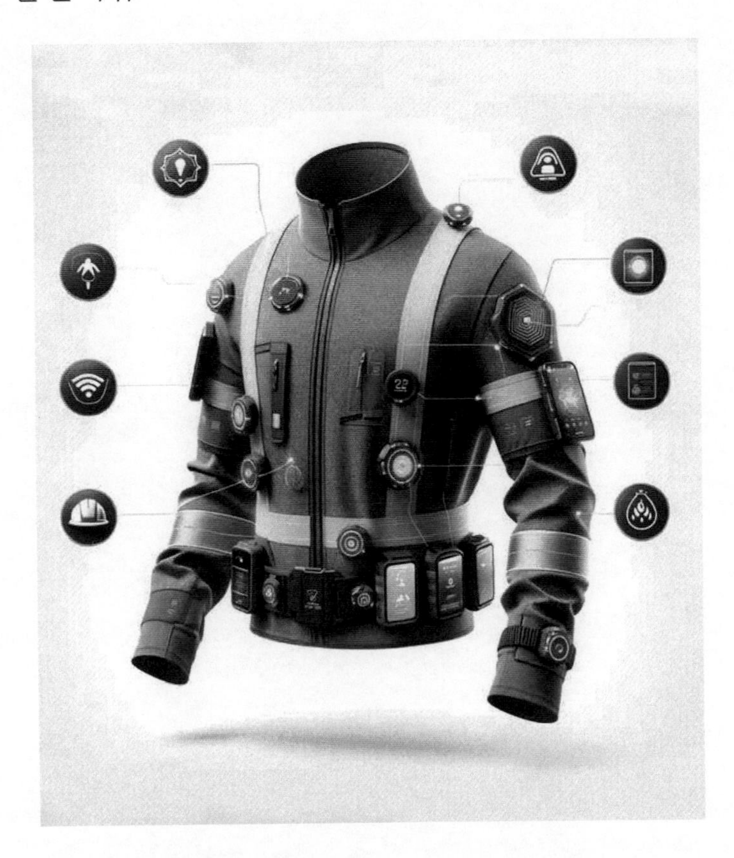

웨어러블 스마트 디바이스의 정부 주도 계획

최근 안전보건관련 업계에서는 데이터 수집을 도울 수 있는 새로운 인공지능(AI) 알고리즘부터 근로자의 활력징후를 모니터링하는 기기까지 근로자의 안전과 건강을 지키기 위해 다양한 신기술을 전면에 내세우는 추세다.

이 중에서 웨어러블 및 스마트 개인보호장비 (Personal Protective Equipment, PPE)는 안전보건 전문가의 조언에 따라 현장에 도입해 사용되고 있는데, 재해 예방을 위해 효과적으로 사용하기 위해서는 이러한 웨어러블 기기 및 스마트 PPE의 사용법과 근로자 안전 개선에 기여할 수 있는 방법을 사업주가 충분히 이해하고 도입하는 것이 무엇보다 중요하다.

산업통상자원부와 국가기술표준원은 한국인의 인체 치수와 형상을 측정하는 '사이즈 코리아' 사업을 2015년부터 '웨어러블 스마트 디바이스 산업분야'로 확대했다. 웨어러블의 착용형 스마트 디바이스는 2015년 3월 산업통상자원부와 미래창조과학부가 공동으로 발표한 "미래성장동력-산업엔진 종합실천계획"의 중점추진분야로 의류, 안경, 시계, 밴드, 신발 형태의 스마트 디바이스를 개발하기 위해서는 인체 정보가 필요하고, '사이즈 코리아'의 확대는 스마트 디바이스 개발을 위한 기본적인 인프라를 구축하기 위함이라고 언급했다.

또한 식품의약품안전처는 2015년 7월부터 스마트 밴드 등의 웰니스 제품과 관련된 웨어러블 디바이스를 의료기기와 구분하여 관리함으로써, 건강관리에 도움을 주기위한 목적으로 사용되는 밴드형 체지방 측정기 같은 제품은 의료기기 규제대상에서 제외되어, 사전 허가심사, 의료기기 제조 및 품질관리기준(GMP) 등의 의무규정을 준수할 필요가 없게 되므로 웨어러블 스마트 안전의류를 포함한 웨어러블스마트 디바이스의 개발, 제조 및 유통의 활성화가 기대되고 있다.

특화기술	1단계('15~17) <부착형>	2단계('18~21) <착용형>	3단계('22~24) <이식형>
입력	·섬유/직물형 센서기술 ·섬유/직물형 터치패널 기술	·멀티모탈UI/UX 기술 ·감성정보 검출기술	·개인 지능공간 상화 ·작용기술
출력	·발광형 섬유 기술	·크기변환 디스플레이 기술 ·부착형 디스플레이 기술 ·패브릭 디스플레이 기술	·신체 부착형 ·디스플레이 기술
처리	·섬유형 트랜지스터 기술	·게이트회로 부품 기술	·마이크로프로세스 기술
전원	·플랙시블 양/음극제 기술	·신축/유연 배터리 기술 패브릭 배터리	·에너지 하베스팅/발전 기술
생활문화	·운동용 셔츠/케어 서비스 ·색신호 인식 밴드	·수상스포츠용 웨어러블 의복혼합 디스플레이	·근력직물 기술기반 웨어러블 스포츠웨어
특수업무	·발열/위험요소 센싱 패치 기술	·다중센서 상황인지 헬멧	·군용/소방관 슈트
사용자 기기연결	·내추럴 UI인터페이스 지원 디바이스 개발	·UHD AR 글라스	·뇌파 커뮤니케이션 제품

출처: CHO Alliance, 2015

한편, 산업분석 전문기관 CHO Alliance에 따르면, 정부는 '웨어러블 핵심부품 및 주요 제품서비스 개발(안)'을 통해 기술개발을 부착형, 착용형, 이식형 등 단계적으로 추진하도록 전략을 수립하고, 부품 소재 분야는 산업자원부가 제품 서비스 플랫폼 분야는 미래창조과학부가 추진하도록 예비타당성 사업으로 진행할 예정이라고 밝혔다.

웨어러블 스마트 의류의 의의

'웨어러블 스마트 의류'는 일상생활에 필요한 디지털 장치와 기능을 의복에 통합시킨 것으로, 섬유기술과 디지털 기술이 접목되어 1990년대부터 개발이 가속화되어 국내·외를 막론하고 산업화가 활발히 진행되고 있다. 웨어러블 스마트 의류의 용도에 따른 분류는 다음과 같다.

환경특성	스마트웨어 특징	디자인 분석
융합성	디지털 기술 융합	의복 내에 각종신호 전달성 디지털장치를 내장한 첨단 기기와 융합된 디자인
	엔터테인먼트 기능 결합	패션의 기능에, 즐길 수 있는 오락의 기능이 결합되어 나타나는 디자인
보호성	건강지원 기능	몸의 건강상태를 진단하여 적절한 처방을 받아 치료를 도와주는 디자인
	인체보호 기능	외부의 환경변화에 대응하여 개인의 보호기능을 자동으로 실행시키는 디자인
이동성	다기능성	유동적인 환경 속에서 상황에 맞게 변화할 수 있는 디자인
	휴대성	소형화 경량화 된 기기들을 몸에 휴대하거나 포켓을 활용한 디자인

스마트 의류의 용도에 따른 분류(1) (김민주, 2011)

유형	용도	기능
스포츠레저	인체보호 활동성의 용이, 땀의 배출, 체온유지 등의 다양한 환경 대응	체온을 보호하는 열 조절 기능, 땀이 나면 신속히 땀을 배출하여 제거하는 수분조절 기능, 외부의 물이나 바람 자외선 등의 물리적 자극으로부터 인체를 보호하는 기능
메디컬헬스케어	의료기기의 소형화 및 디지털화로 옷처럼 입을 수 있는 디지털 의료기기	각종 센서가 의복에 부착되어 신체변화를 시스템을 통해 저장 및 전송하여 갑작스런 신체변화의 위험 신고를 사전에 예방하는 기능

엔터테인먼트	MP3, 디지털 카메라, 휴대폰 등과 같은 미디어 기기를 휴대할 수 있는 공간의 개념	젊은 세대를 위주로 의복에 음악 감상 기능, 게임 기능, 서로의 감정을 보여주는 발광기능 등 의복의 재미와 커뮤니케이션 기능 탑재
안전보호	조난 당한 사람의 정확한 위치 확인과 위해한 환경에 처한 사람들의 안전을 보호	야외활동 위치확인과 조난 구조 활동을 도와주는 기능, 화재로부터 몸을 보호해주는 기능, 전쟁 시 위험으로부터 몸을 보호하는 기능, 미아방지 확인 기능 등.

스마트 의류의 용도에 따른 분류(2) (김민주, 2011)

이렇듯 웨어러블 스마트 의류는 다양한 용도로 활용할 수 있는데, 특히 건설 및 산업현장에서 '안전보호'를 위한 용도로 스마트 조끼가 개발되는 등 '스마트 안전의류'에 대한 개발은 지속적으로 이루어지고 있다.

한편, 이러한 스마트 안전의류는 신체현상을 24시간 관찰, 장기적으로 수집한 데이터로 분석 통계를 실시하여 환자의 건강진단이 가능하도록 하는 의료목적의 용도로도 쓰일 수 있다. 몸에 걸치거나 피부에 부착하는 방식을 넘어 신체에 첨단기술을 이식하거나 복용하는 형태로 진화되고 있다.[28]

구분	내용
의료기술의 발달	고령화 사회: 의료기술의 발달로 인한 수명의 연장, 고령인구의 꾸준한 증가로 생활패턴의 변화 발생
자연재해의 발생	산업사회 병폐인 대기오염과 지구온난화 현상으로 나타나는 예측할 수 없는 날씨와 환경의 변화
과학기술의 발전	· 생활환경의 기술화 · 모바일 기기의 발달에 따른 통신문화의 발달 · IT, NT 등 새로운 테크놀로지의 발달 · 생활 전자제품의 발달 · 이동이 많은 새로운 공간에 필요한 기술발전
극한상황에 대처	인간의 활동영역 확장, 미지에 대한 탐험과 모험, 전쟁 상황에 대처
위험상황에 대비	화재, 재난, 대형 참사로부터 신체보호가 가능하도록 대비

하이테크 신체보호 의류의 발생 배경(신정임, 2014)

28) 『웨어러블 스마트 안전의류의 설계 및 개발에 관한 연구』 (2017년) 채종규, 영남대학교

웨어러블 기술이 대중화됨에 따라 안전분야에서는 재해예방을 위한 대안으로 웨어러블 기술을 사용시 얻을 수 있는 이점과 활용법을 찾고 있다. 미국 국립산업안전보건연구원 (National Institute of Occupational Safety and Health, NIOSH)에 따르면, 개인 건강을 돕기 위해 사용되는 많은 장치들은 사업장 내 근로자의 건강과 위험요소를 모니터링하는 데도 사용될 수 있다.

웨어러블 사용으로 인한 장점 중 하나는 근로자의 피로를 모니터링하는 것이다. '피로'는 근로자 삶의 질에 유의미한 영향 중 대표적인 것으로, 직무 스트레스를 포함하여 다양한 요인에 의해 발생하는 피로는 육체적 건강뿐만 아니라 정신적 건강까지 영향을 주어 사회적으로 생산성의 저하를 야기한다. 뿐만 아니라 부상과 심한 경우 죽음으로까지 이어질 수 있다.

웨어러블의 장점 중 또다른 부분은 다방면에 부정적인 영향을 주는 근로자의 피로를 모니터링하는 것이다. 미국 국가안전위원회 (National Safety Council, NSC)는 세 가지 일반적인 모니터링 기능 유형으로 ▲ 피로와 관련된 뇌 활동을 모니터링하는 뇌파검사 (Electroencephalogram, EEG) 센서, ▲ 시각적 신호 및 마이크로슬 립 모니터링, ▲ 수면 및 활동 데이터를 사용하여 피로 위험 수준 계산 등이 포함된다고 밝혔다.

EKU에서는 스마트 PPE는 작업 현장에서 다양한 용도로 사용되는데, 스마트 기술을 탑재한 귀덮개와 안면 보호구는 시끄러운 소음이나 시야가 좋지 않은 공간에서의 의사소통을 개선하는 데 사용될 수 있다고 전했다.

실제로 스마트 센서 기술은 냉각 및 난방 요소와 연결하여 내부 및 외부 온도에 맞게 조정할 수 있다. 록 아웃 (Lock-out) 장치는 레이저 사용 정지 장치로 장비 부상을 방지할 수 있으며, 의류 센서는 가스, 화학물질, 열, 소리 및 충격을 포함한 환경요소를 모니터링할 수 있다.

웨어러블을 사용 시 근로자가 위험에 처했을 때 이를 감독 관리자에게 알릴 수 있으며, 블루투스를 통해 데이터를 수집하고 다른 장치에 실시간으로 연결할 수 있다는 장점을 가진다. 또한, 감독관리자가 GPS 칩이 달린 스마트 헬멧과 렌즈 모서리에 있는 디스플레이로 데이터를 전달할 수 있는 스마트 안전 안경을 통해 근로자의 상황을 확인할 수 있는 기술이 있다. 휴대전화나 태블릿으로 정보를 연결할 수 있는 근거리 무선 통신(NFC) 칩이 내장된 스마트 장갑도 있다.[29)]

스마트 안전조끼 개발

산업현장에서 작업자가 착용하는 안전 조끼에 스마트 기술을 더한다면 산업 재해를 좀 더 효율적으로 예방할 수 있지 않을까 하는 생각으로, 국내 스마트인재개발원을 수료한 '안전챙겨조' 팀은 **'오픈 플랫폼 기반 작업자 실시간 상태 알림을 위한 스마트 안전 조끼'**를 고안했다.

안전챙겨조 팀은 앱을 통해 작업자의 현재 위치와 실시간 공기질 상태, 주변 상황 등을 파악함으로써 작업 현장의 안전사고를 예방할 수 있는 '스마트 안전 조끼'를 구상했다. 특히 유사 제품들과 비교해 가격 면에서 좀 더 경쟁력 있는 제품을 구현하고자 노력했다는 설명이다. 시중에 나와 있는 기존의 여러 **스마트 안전장비 제품의 경우 평균 100만원 대**다. 안전챙겨조 팀은 **약 16~17만원이라는 저렴한 가격**으로 책정한 스마트 안전 조끼를 제안했다.

안전챙겨조 팀의 스마트 안전 조끼는 현장 작업자는 물론 관리자 입장에서도 유용한 서비스다. 우선 작업자는 앱에서 QR을 통해 출근을 기록하고 교육 이수 및 현장 접근 제한 등의 정보를 저장한다. 공지사항 버튼을 누르면 관리자가 등록한 내용도 바로 확인할 수 있다.

또 자신의 유독·유해가스 노출 여부와 현황을 알 수 있어 안전한 작업이 가능하다. 안전챙겨조 팀은 센서를 이용해 일산화탄소와 메탄, LPG 등 유해가스 노출 여부를

29) Back to Basics 8부-웨어러블 기기와 스마트 개인보호장비의 도입. 세이프티퍼스트닷뉴스. 2023.06.18

실시간 그래프로 파악하도록 설계했다. 작업 중 휴대폰 확인이 불가능할 경우, 조끼에 부착된 LED를 통해 일정 수치 이상의 유해가스가 감지되면 소리가 울리도록 했다. 더불어 기압 센서를 이용해 작업자의 고도를 감지·측정하고 안전고리 체결 여부를 알 수 있어 추락 위험을 방지할 수 있다.

관리자의 경우 앱의 근태 관리 기능에서 현장 작업자의 출근 여부와 교육 이수 여부, 현장 접근 제한, 실시간 상태를 리스트로 한눈에 파악할 수 있다. 실시간 상태 버튼을 누르면 작업자의 현재 상태가 조회되고, 스마트 조끼를 입은 작업자의 유독가스 노출 현황 그래프를 확인할 수 있다. 작업자 휴대폰의 GPS를 통해 당일 출근한 모든 작업자의 위치를 한번에 조회하고, GPS로 위치 확인이 불가한 위험상황 발생 시에는 캠으로 작업자의 자세한 현장 상황을 모니터링할 수 있다. 덕분에 현장에서 사고가 발생할 경우 신속한 후속 조치가 가능하다.

이 같은 스마트 안전장비의 도입 확대는 향후 건설 현장 재해율 및 산업재해 사망률 감소에 기여하고, 산업 재해로 인한 손실액 감소 등 경제적인 기대 효과도 있을 것으로 예상된다.[30)]

포스코그룹 사내벤처 프로그램 '포벤처스 1기'로 1년간의 포스코ICT 사내 인큐베이팅을 거쳐 '20년 12월 설립된 큐리시스는 Smart Safety 개발 프로젝트 경험을 바탕

30) [Aidea] ⑥ 산업현장 작업자 안전, '스마트 안전 조끼'가 지킨다. 2021.10.03. Ai타임스

으로 최첨단 산업안전 ICT기술을 적용한 산업 근로자용 '스마트 안전조끼'를 출시한다고 밝혔다.

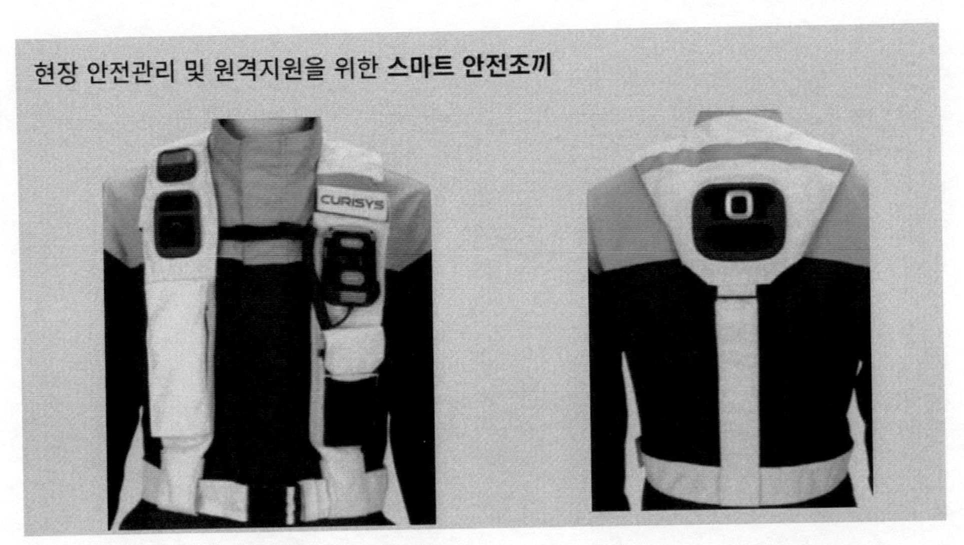

큐리시스가 출시한 스마트 안전조끼 (출처: 큐리시스 공식 홈페이지)

'스마트 안전조끼'는 조끼 일체형으로 제작됐으며, 기존에 개발되어 포스코에 적용, 활용되고 있는 스마트 안전모(헬멧) 장착형 또는 글래스 타입의 웨어러블 안전기기 보다 착용 편의성, 활동성, 무게감, 배터리 사용시간을 작업자 중심으로 획기적으로 개선해 장시간 착용 시 피로감 최소화 및 착용성을 극대화하였다.

모듈화된 디바이스는 다양한 현장 작업환경에 맞는 기능과 디자인으로 최적화된 형태의 산업별 맞춤형 제작이 가능하다. 주요 기능은 전/후면 광각 카메라를 통한 실시간 현장모니터링, 블랙박스 기능을 통한 사고분석, SOS 긴급 구조요청, 가스센서(CO, O2, H2S)-비콘-UWB 등과 연동해 가스사고의 사전 모니터링 및 2차 사고도 예방한다.

또한 비콘·UWB를 통한 주요 위험지역의 접근감지 시 스마트 안전조끼의 스피커, 진동센서를 통한 사용자 및 관제실에 긴급 알람이 발생해 사고 예방에 도움이 된다. 또한, LTE 및 WiFi를 제공하여 관제실 및 관리자 스마트폰에서 실시간으로 현장 영상을 모니터링 할 수 있다. 부가적으로 렌턴 기능과 후면 안전LED 등을 통해 야간 작업 시에도 작업자 안전을 위한 편의 기능도 강화하였다.

한편 큐리시스㈜ 관계자는 "이번 스마트 안전조끼 출시를 통해 산업재해의 감소와

사고 초기 긴급대응을 통한 사망사고의 최소화, 사고원인 정밀분석이 가능해 재발방지에 기여할 것으로 기대된다"고 전했다.[31]

비앤피이노베이션이 '스마트공장·자동화산업전 2021'에 참가해 스마트 안전조끼, 스마트워치, 스마트 가스 센서, 실내 위험 감지 Tag 등 산업 안전 솔루션을 대거 선보였다. 비앤피이노베이션은 비대면 스마트 작업/안전관리/원격지원 솔루션인 'SmartSee Safety Cloud'를 개발· 판매하고 있다. 이 솔루션은 클라우드 기반 서비스 형태로 스마트조끼, 스마트워치, 스마트안전모, 스마트글래스 등 다양한 단말과 연결하여 서비스 제공이 가능하다.

이번 전시회에서 선보인 스마트 안전조끼는 스마트 안전모의 무게 문제, 스마트 글래스의 안경 착용 문제 그리고 웨어러블 카메라의 케이블 처리 및 본체 고정불가 문제 등의 **기존 웨어러블 카메라 솔루션의 착용의 문제점을 안전조끼에 분산 모듈을 일체형으로 장착**하여 작업자가 장시간 착용 및 활동성에 불편함이 없이 사용할 수 있다.

또한, 기존 스마트 안전 장비들이 단순 영상녹화 및 실시간 영상 전송 기능만을 제공하는데, 스마트 안전조끼 솔루션은 각종 IoT 센서를 통하여 사고 예방 기능 강화 및 안전 모니터링 그리고 실시간 사고 발생 알림 기능 및 신속한 사고 대응 기능을 제공함으로써 각종 산업 재해 예방 및 중대재해 발생 시 피해를 최소화할 수 있도록 설계했다.[32]

---

31) 포스코그룹 사내벤처 큐리시스㈜, '스마트 안전조끼' 출시…산업안전 ICT기술 적용. 2021.7.2.아이티비즈
32) [스마트팩토리+오토메이션월드 2021] 비앤피이노베이션, 스마트 안전조끼 등 산업 안전 솔루션 선보

2. 스마트 에어백

스마트 에어백, 건설 현장 추락사고 부상을 줄여줄 대안

건설 현장 내 약 5m 높이에서 가설 구조물을 설치하던 건설 근로자가 추락했다. 사망 사고로까지 이어질 수 있는 위험한 순간, 불과 0.2초 만에 입고 있던 조끼가 부풀어 오르면서 에어백이 됐다. 자체 센서에서 추락을 감지하자마자 머리와 목, 척추 등 신체 주요 부위의 충격을 완화하기 위해 에어백 시스템을 작동한 것이다. 환자 이송의 골든타임을 확보하기 위해 사고 위치는 곧바로 관리자에게 전송된다.

건설업계는 특성상 추락 사고가 많다. 스마트 에어백은 이런 현실을 개선하기 위해 도입된 스마트 안전기술이다. 기술을 개발한 **세이프웨어 R&D센터** 대표는 "건설 현장 내에서 안전 고리 체결이 힘든 다양한 상황이 산재한 탓에 추락 사고가 잦다"며 "스마트 에어백은 사망 사고를 획기적으로 줄여줄 대안"이라고 말했다.[33]

주식회사 세이프웨어는 추락 및 인체보호용 웨어러블 에어백 개발 및 제조기업이다.

여. 2021.09.08. HelloT

33) 조끼 작업복에 에어백… 근로자 추락시 생명 구해. 2021-11-19. dongA.com

산업용 추락보호복과 스포츠/레저 분야의 바이크, 승마용, 수상레포츠용 라이프자켓과 노인낙상 보호복, 영유아 질식방지 에어백, 드론 투척용 구명튜브 등 다양한 분야의 안전 시스템을 개발, 상용화하고 있다.[34)]

한편, 세이프웨어의 추락·인체보호용 **'웨어러블 에어백'**이 **조달청 혁신 시제품으로 지정**되었다. 이 '웨어러블 에어백'은 사고 시 추락을 감지하여 0.2초 내에 에어백을 부풀려 인체를 보호하고, 연동된 통신 어플리케이션으로 사고자의 위치를 공유하여 골든타임을 지킬 수 있는 것으로 알려졌다.

'웨어러블 에어백'의 핵심 기술은 다음과 같다. 안전그네 부착형·조끼 형태로 평상시에 편하게 착용 가능하면서 내장된 센서가 추락을 감지하면 0.2초 내에 자동으로 에어백이 팽창된다.또한 사고 발생 시 연동된 스마트폰 어플리케이션을 통해 설정된 관리자에게 사고자의 위치를 포함한 문자·응급 호출을 자동으로 전송한다.

추락 감지기는 알고리즘을 이용해 추락 상황을 다른 유사 동작과 구별하여 감지할 수 있다. 부품을 교체하면 재사용도 가능하고, 배터리는 하루 정도 사용 가능하다. 이 제품은 주로 건설 현장, 통신설비 현장, 조선작업 현장, 플랜트 현장 등 여러 분야에서 활용되고 있으며, 한국도로공사, 한국전력공사, 한국철도신설공단, 한국생산기술연구원, KT Service, 두산건설주식회사, 한화건설 등 국내 굴지의 기업에서 사용되고 있는 것으로 알려졌다.[35)]

---

34) http://www.safeware.co.kr/kr/ 세이프웨어 공식 홈페이지
35) 안전을 입다! 스마트 보호복으로 건설 현장을 지키는 '웨어러블 에어백' <양원희 소셜 기자가 선택한 혁신 시제품> 2020. 12. 4. 조달청 블로그

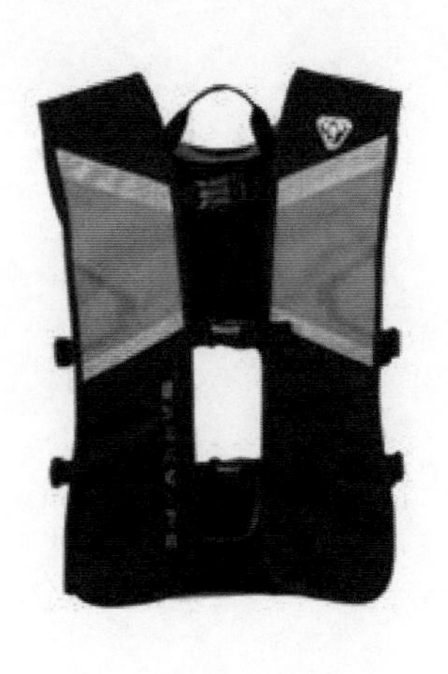
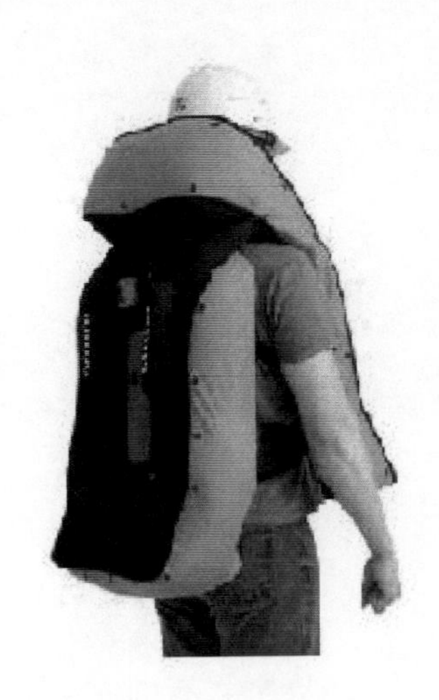

산업용 스마트 에어백 C1.5 (출처: 세이프웨어 공식 홈페이지)

세이프웨어는 일산 킨텍스 제1전시장에서 열리는 '2024 코리아빌드위크(Korea Build Week)'에 참가해 스마트 추락보호 에어백 C3의 업그레이드 버전과 바이크 라이더용 에어백 에어베스트(Airvest) M시리즈를 선보였다.

C3는 내장된 센서를 통해 작업자의 추락이 감지되면 전자식 인플레이터가 에어백을 즉시 팽창시켜 머리, 경추, 척추, 골반 등 중상에 취약한 부위를 보호하는 조끼 형태의 스마트 안전장비다. 최근 업그레이드된 C3는 센서 알고리즘 최적화와 더불어 노즐을 포함한 하드웨어 구조체의 설계 변경으로 공기 흐름을 대폭 개선하면서 에어백이 부풀어 오르는 속도를 향상시켰다.

또한 저전력 블루투스(BLE) 연동형 모델의 경우 사고 감지 시 전용 앱(app)을 통해 지정된 연락처로 사고 상황과 위치를 알려 사고자의 구조 골든타임 확보에 도움을 준다. 센서는 배터리 완충 시 120시간 이상 사용할 수 있으며 에어백은 이산화탄소(CO2) 카트리지 교체로 재사용도 가능하다.

함께 선보이는 바이크 라이더용 에어백 에어베스트 M시리즈는 바이크의 충돌 또는 미끄러짐 사고로 인한 라이더의 부상을 방지해 주는 조끼 형태의 스마트 에어백이다. M시리즈는 물리적 인장 방식을 채택해 충전이 필요 없으며, 사고 시 에어백과 바이크를 연결한 키볼(key ball)이 분리되면 에어백이 즉시 팽창해 주요 신체 부위를 감싸 보호한다.[36]

스마트 추락보호 에어백 C3(왼쪽)와 모빌리티 M2(오른쪽) (출처: 세이프웨어 공식 홈페이지)

36) 세이프웨어, '코리아빌드위크'서 C3업그레이드 버전 공개. 정보통신신문. 2024.02.22

3. 스마트 헬멧

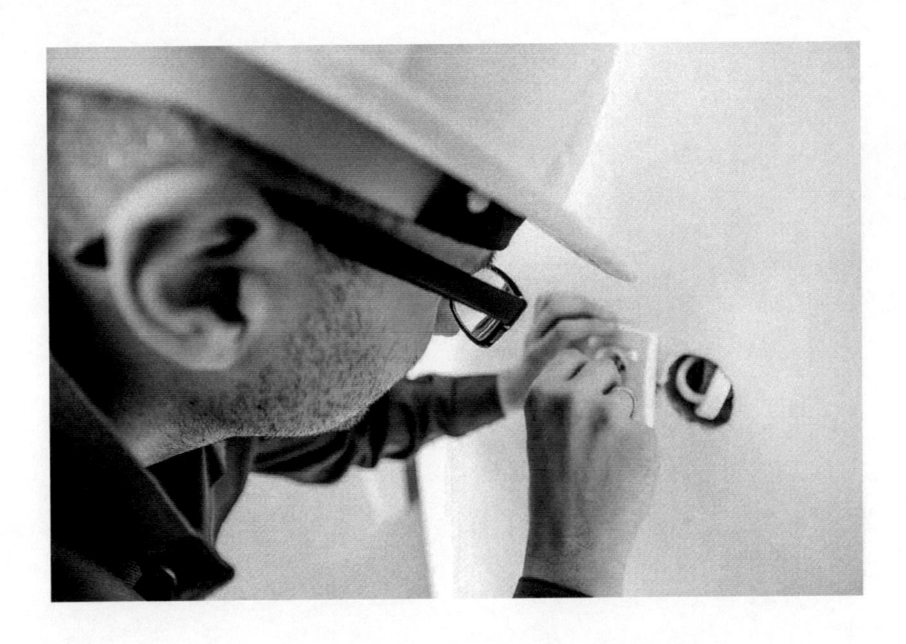

건설현장의 디지털화 및 스마트 헬멧 도입

S-OIL은 2023년까지 디지털 공장, 디지털 마케팅, 스마트 워크 근무환경 구축을 목표로 최근 11개 과제를 선정했다. 생산·안전·정비·품질관리 등 공장 전 분야를 통합·관리하는 종합 디지털 설루션을 구축할 계획이다. 빅데이터·인공지능 등을 활용해 공장 상황을 통합 모니터링하고 AI 데이터 기반으로 의사결정을 할 수 있도록 하겠다는 방침이다.

특히 작업현장에 카메라가 장착된 웨어러블 장비인 **'스마트 헬멧'을 도입**한다고 밝혔다. 공장 작업자가 스마트 헬멧을 착용하고 현장을 이동하며 실시간으로 화상회의 기능을 통해 상황을 공유할 수 있다. 헬멧의 모든 기능은 음성명령을 통해 작동한다. 원격으로 사진과 도면을 공유할 수 있고, 증강현실 기능을 이용해 서로 업무상황을 보며 소통할 수 있다.

직원 근무환경도 디지털 전환을 꾀하고 있다. 영업·재무·구매 영역의 단순 반복적인 업무에 시범적으로 업무자동화 시스템(RPA: Robotic Process Automation)을 적용했고, 사내에서 자주 발생하는 문의에 효과적으로 대응하기 위해 업무지원 챗봇

(Chatbot)을 구축한 상태다. S-OIL 알 카타니 CEO는 “디지털 전환은 선택이 아닌 생존과 차별화를 위한 필수 요건”이라며 “모든 자원과 역량을 투입해 최대한 신속하게 디지털 전환을 추진하겠다”고 덧붙였다.[37)]

소방용 안전헬멧의 개발현황

헬멧은 머리 위쪽으로 떨어지는 낙하물체, 작업 또는 운동을 하는 도중에 넘어져 머리가 다치는 것을 방지하기 위해 착용하는 일종의 개인 안전장비이다. 헬멧을 의무적으로 착용해야 하는 산업 안전 분야는 건설업, 광산업, 조선업, 중공업, 철강업, 석유/화학/가스, 산림과 환경사업, 야간작업, 지하 공간 작업장 등으로 다양하다.

작업 외에도 오토바이, 자전거, 스키, 등산, 래프팅, 오지 탐험 등 레저활동 중에도 헬멧은 반드시 착용해야 하며, 이때 착용하는 레포츠용 첨단 헬멧은 고가임에도 불구하고 더 큰 고부가가치 산업으로 큰 시장을 형성하고 있다.

국내에는 산불진화대원용 안전헬멧이 별도로 지정되어 있지 않으며, 소방용 안전헬멧의 요구 수준은 너무 높고 일반 안전헬멧의 성능은 산불진화대원이 사용하기에 품질이 부족한 점이 있다. 따라서, 산불진화대원용 안전헬멧에 대한 요구 조건 등을 고려한 스마트 헬멧의 개발이 필요한 실정이다.

현재 사용하고 있는 산불진화대원용 안전헬멧은 비교적 무게가 가볍고, 전자 부품이 없음으로 고장 및 파손이 적고, 헬멧 내부 내피 교체가 비교적 자유롭다는 장점과, 착용감이 한쪽으로 쏠림이 발생하고, 귀 덮개가 없음으로 화재 진압에 부적합하고, 통신 및 Light, 고글 등 별도의 파츠가 없고, 별도의 파츠를 사용할 수 있는 마운트가 없으며, 특히 공기구멍이 없음으로 답답함이 가중되는 단점을 가지고 있다.

산불진화대원은 험준한 산악지형을 도보로 이동하고, 산불 진화 또는 작업 시 보호장구에 의해 불편함이 가중되고 있으므로 이를 해결하기 위해 산불진화대원용 스마트 헬멧은 현장에서의 사용성, 사용자를 위한 편리성, 현장의 심리적 환경과 사용자의 신

---

37) 현장에 드론·스마트 헬멧 도입… 디지털 전환 박차 2021.06.22. 조선일보

체 사이즈를 고려한 인간 공학적 설계가 필요하다. 또한 긴급 상황에서 현장 지휘부와의 원활한 통신과 거동을 자유롭게 할 수 있는 시스템 매립 및 장착형이 되어야 한다. 즉, 스마트 렌즈, 스피커, 전원 모듈, 통신 모듈 등이 헬멧에 매립 또는 장착되어야 한다는 것이다.

또한, 기존에 사용되고 있는 무전기를 대신할 수 있는 LTE 및 산불진화대원용 스마트 헬멧 개발에 관한 연구, 그 외에 내열, 방수 등을 고려한 소재 선정 및 디자인이 필요한 실정이다.[38]

무선테크윈의 헬멧랜턴(출처: 무선테크윈)

이에 따라 국내에서는 다양한 소방용 안전헬멧의 개발이 한창이다. 먼저, 소방용 헬멧에 장착할 수 있는 헬멧 랜턴이 새롭게 출시되었다. 소방용으로 특화된 이 랜턴은 신형 소방헬멧과 구형 소방헬멧에 모두 사용이 가능하다. 헬멧에 밀착되는 구조로 좌우 동시 장착이 가능하고 무게 또한 매우 가볍다. 긴급차량의 경광등과 전장 부가장치 등을 전문적으로 개발·생산하고 있는 (주)무선테크윈이 특허받은 헬멧 랜턴을 최근 새롭게 출시하고 본격적인 마케팅에 나섰다.

이 헬멧 랜턴은 기존 막대형 랜턴과 다른 특화된 기능도 추가돼 있다. 랜턴 후면에 원터치 방식으로 설치돼 있는 스위치에는 화재 등의 현장에서 타 대원에게 사용자 위치를 알려줄 수 있도록 표시램프가 내장돼 있다. 또 연무 상황에서도 랜턴의 고유 기

38) 『산불진화대원용 스마트 헬멧 개발에 관한 연구』 융합신호처리학회논문지 Vol. 22, No. 2 : 57-63 June. 2021. 하연철, 진영우, 박재문, 도희찬, 부산대학교 선박해양플랜트기술연구원, 부산대학교 조선해양공학과, (주)오에스랩

능을 잃지 않도록 황색 필터를 적용시켰고 밝기모드도 최대, 중간, 최소, 점멸 등 4가지로 조절할 수 있도록 했다. LED는 GREE사의 최신 XP-G3을 사용했다.

사용자의 편의를 높이기 위해 시중에서 쉽게 구할 수 있는 18650 충전 배터리가 들어있으며 전용 충전기가 필요 없도록 내부 충전 회로를 구비해 일반 핸드폰 충전기로도 충전할 수 있게 설계됐다. 무선테크윈 대표이사는 "특허받은 방열구조로 LED의 효율을 극대화한 랜턴"이라며 "KC 인증과 조달등록도 마친 상태"라고 설명했다.[39]

포스텍, 포항남부소방서가 공동 개발한 '일체형 소방용 무전 헬멧'

포스텍이 전자전기공학과 교수팀과 포항남부소방서가 공동으로 헬멧 안에 안테나와 무전기를삽입한 '일체형 소방용 무전 헬멧'을 개발했다고 밝혔다. 이 헬멧에는 안테나와 스피커가 내장되어 있어, 현장에 투입한 구조대원에게 작전과 요청사항을 바로 전달할 수 있으며, 이로 인해 화재현장에서 무전기 고장으로 골든타임을 놓치는 사고를 줄일 수 있을 것으로 기대된다.

그동안 화재현장에서는 무전기를 두꺼운 방화복 상의에 끼워 사용했다. 소방 작업중에는 조작이 어렵고, 시끄러운 현장에서는 소통이 잘 안되는 경우가 많았다. 이로 인해, 이어폰을 사용하기도 하지만 구조과정에서 한 번 빠지면 다시 끼우기 힘든 것이 단점이었다.

연구팀은 이같은 현상 상황을 고려해 무전기를 따로 조작하지 않아도 무선통신을 수신할 수 있는 무전기 일체형 헬멧을 개발했다. 안테나와 스피커는 헬멧에 탈·부착할 수 있도록 하고, 작은 모듈로 제작해 무게를 줄였다.

포항남부소방서 예방안전과장은 "수년간 화재 현장을 거치면서 무전통신을 개선할 필요가 있다는 걸 절실히 느꼈다"면서 "포스텍과 함께 개발한 헬멧이 전국의 모든 소방대원에게 보급돼 국민의 생명과 재산을 지키는데 기여할 수 있기를 바란다"고 밝혔다.[40]

---

39) 무선테크윈, 소방용 헬멧 랜턴 출시 2017/09/11 FPN 소방방재신문

한컴라이프케어의 '소방용 안전헬멧'

HANCOM
한컴라이프케어

한글과컴퓨터의 안전장비 자회사 한컴라이프케어가 한국소방산업기술원(KFI)으로부터 업계 최초로 소방용 안전헬멧(SCA1205SR)에 대한 KFI 인정을 획득했다고 밝혔다.

한컴라이프케어는 1971년 설립해 공기호흡기, 방열복, 방화복, 소방용화학보호복, 마스크 등 각종 안전장비를 생산 및 공급하고 있는 개인안전보호장비(PPE) 전문업체다. 지난 2017년 한글과컴퓨터그룹에 편입된 이후, B2C 시장 진출을 위해 재난안전키트, 황사마스크 등을 출시하고, 첨단 소방안전 관제 플랫폼 개발을 통해 스마트시티 분야에도 진출하는 등 사업영역을 확장하고 있다.

'소방용 안전헬멧'이란 화염과 고온의 연기 등이 없는 구조현장에서 사용하는 헬멧이다. 한국소방산업기술원이 소방용 안전헬멧에 대한 인증을 2019년 6월 최초로 제정하면서 충격흡수성, 내관통성, 측면변형 등의 시험을 통과하도록 성능기준을 마련했다.

한컴라이프케어의 소방용 안전헬멧(SCA1205SR)은 KFI 인정을 위한 모든 성능시험을 충족해 머리 부위로 떨어지거나 날아오는 물체는 물론, 추락 시 충격으로부터 소방대원의 머리를 보호할 수 있다. 한컴라이프케어는 이번에 KFI 인정을 획득한 소방용 안전헬멧 외에도 외부의 시원한 공기를 헬멧 내부로 순환시켜줄 수 있는 통기구가 장착된 안전헬멧을 추가로 개발해 올해 연말까지 KFI 인정을 획득한다는 계획이다.

한컴라이프케어 관계자는 "소방용 방화두건(SCA1203HP)이 KFI 인정을 획득한데 이어, 소방용 안전헬멧이 KFI 인정을 획득하면서 한컴라이프케어의 우수한 기술력을 검

---

40) 포스텍, 소방서와 공동으로 소방용 무전 헬멧 개발 2018.04.18. ETNEWS

증받았다"며 "앞으로도 지속적인 기술 개발을 통해서 국내 소방용 안전장비 시장 확대와 성장을 주도해 나가겠다"고 밝혔다.[41]

소방형 고글형 안전모(SCA 1205SR)

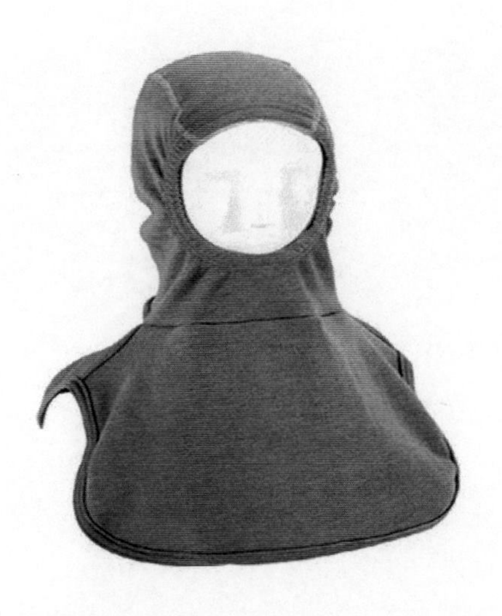

소방형 방화두건(SCA 1203HP)

41) 한컴라이프케어, '소방용 안전헬멧' KFI 인정 획득 2020.04.24. topstarnews

스마트 안전장비 관련 국내법

스마트 PPE 및 안전장비 시장 분석

V. 스마트 안전장비 관련 국내법

1. 건설공사 안전관리 업무수행 지침

IoT, AI 등 융복합건설기술을 반영한 스마트 안전장비 비용을 보조, 지원하기 위한 **'건설공사 안전관리 업무수행 지침'** 일부 개정안이 고시됐다.

국토교통부는 2021년 9월 16일 스마트 안전장비를 활용해 건설현장에서 발생하는 위험요소를 사전에 인지하고 제거하기 위해 관련 비용을 보조, 지원할 수 있도록 건설기술진흥법에 개정됨에 따라, 보조·지원 대상과 품목, 신청절차, 관리 및 감독 등 시행에 필요한 사항을 정해 고시한다고 밝혔다. 개정지침에 따라 국토부 장관으로부터 스마트 안전관리 보조·지원사업의 시행을 위탁받은 국토안전관리원은 매년 보조·지원사업에 대한 계획을 수립하고 예산을 편성, 운영해야 한다. 또 건설공사 참여자는 스마트 안전관리 장비 등에 대한 보조·지원을 받을 수 있다. 다만 국가와 지자체, 중앙·지방 공공기관과 상호출자제한기업집단 소속회사는 그 대상에서 제외된다.

보조·지원을 받을 수 있는 품목은 △**가설구조물, 지하구조물 및 지반 등의 붕괴방지를 위한 스마트 계측기 △건설기계·장비의 접근 위험 경보장치 및 자동화재 감지센서 △CCTV 등 실시간 모니터링이 가능한 안전관리시스템 △스마트 안전관제시스템 △그 밖에 국토부 장관이 건설사고 예방을 위해 스마트 안전관리 보조·지원이 필요하다고 인정되는 사항 등으로 명시됐다.** 보조·지원을 받고자 하는 건설참여자는 지원장비의 설치계획 등이 포함된 신청서를 국토안전관리원에 제출해야 하며, 심사를 거쳐 최종 지원대상 여부를 통보받게 된다. 개정지침에서는 또 국토안전관리원으로 하여금 이 사업의 운영과 관련해 '스마트안전관리보조지원운영위원회'를 구성, 운영할 수 있도록 했다.[42)]

---

42) IoT·AI 활용 스마트 안전장비 보조지원 대상·절차 마련 2021.09.16. 기계설비신문

2. 중대재해처벌법[43]

1) 대상별 안전·보건 관계법령

※ 사업주, 법인 또는 기관이 운영 중인 공중이용시설 및 공중교통수단의 규모와 유형에 따라 적용되는 안전·보건 관계법령은 다를 수 있음

중대재해처벌법 시행령 제11조
제 11조(공중이용시설·공중교통수단 관련 안전·보건 관계 법령에 따른 의무이행에 필요한 관리상의 조치) ① 법 제9조 제2항 제4호에서 "안전·보건 관계 법령"이란 해당 공중이용시설·공중교통수단에 적용되는 것으로서, 이용자나 그 밖의 사람의 안전·보건을 확보하는 데 관련되는 법령을 말한다.

1-1. 안전·보건 관계법령의 기준

안전·보건 관계 법령은 해당 공중이용시설·공중교통수단에 적용되는 것으로서, 이용자나 그 밖의 사람의 안전·보건을 확보하는 데 관련되는 법령을 말한다. 구체적으로는 공중이용시설 또는 공중교통수단의 안전 확보를 목적으로 하는 법률, 대상을 이용하는 국민의 안전을 위해 의무를 부과하는 법률, 공중이용시설 및 공중교통수단을 구성하는 구조체, 시설, 설비, 부품 등의 안전에 대하여 안전점검, 보수·보강 등을 규정하는 법률, 이용자의 안전을 위해 관리자, 종사자가 관련 교육을 이수토록 규정하는 법률 등을 안전·보건 관계법령으로 보고자 한다.

공중이용시설 또는 공중교통수단의 구조안전, 이용안전, 화재안전 등이 아닌 효율적인 이용, 원활한 교통흐름, 경제적인 가치를 고려한 성능개선 등 부가적인 목적을 가진 법령은 일반적으로는 안전 보건 관계법령에 해당하지 않는다. 또한, 공중이용시설 및 공중교통수단을 구성하는 요소 외에, 안전 외 목적을 위해 부가로 설치된 부대 시

43) 『중대재해처벌법 해설』 2021년 12월, 국토교통부

설, 공작물 등에 대하여 규정하는 법령도 일반적으로 해당하지 않는다.

1-2. 공중이용시설 대상별 안전 보건 관계법령의 예시

<도로시설: 도로교량, 도로터널>

분류	세부 분류	관계법령
도로 교량	1) 상부구조형식이 현수교, 사장교, 아치교 및 트러스교인 교량 2) 최대 경간장 50미터 이상의 교량 3) 연장 100미터 이상의 교량 4) 폭 6미터 이상이고, 연장 100미터 이상인 복개구조물	시설물안전법
도로 터널	1) 연장 1천미터 이상의 터널 2) 3차로 이상의 터널 3) 터널구간이 연장 100미터 이상인 지하차도 4) 고속국도, 일반국도, 특별시도 및 광역시도의 터널 5) 연장 300미터 이상의 지방도, 시도, 군도 및 구도의 터널	

<철도시설: 철도교량, 철도터널, 철도역사, 대합실 등>

분류	세부 분류	관계법령
철도 교량	1) 고속철도 교량 2) 도시철도의 교량 및 고가교 3) 상부구조형식이 트러스교 및 아치교인 교량 4) 연장 100미터 이상의 교량	시설물안전법, 철도건설법, 철도안전법
철도 터널	1) 고속철도 터널 2) 도시철도 터널 3) 연장 1천미터 이상의 터널 4) 특별시 또는 광역시에 있는 터널	
철도 역시설	1) 고속철도, 도시철도 및 광역철도 역 시설 2) 연면적 5천제곱미터 이상 운수시설 중 여객용 시설	시설물안전법, 건축물관리법

-공항시설(여객터미널): 시설물안전법, 건축물관리법

-항만시설(방파제, 파제제, 호안): 시설물안전법, 항만법

-댐시설(다목적, 발전용, 홍수전용댐 등): 시설물안전법, 댐건설관리법, 저수지댐법

<건축물>

분류	세부 분류	관계법령
건축물	1) 고속철도, 도시철도 및 광역철도 역 시설 2) 16층 이상이거나 연면적 3만제곱미터 이상의 건축물 3) 연면적 5천제곱미터 이상(각 용도별 시설의 합계를 말한다)의 문화 집회시설, 종교시설, 판매시설, 운수시설 중 여객용 시설, 의료시설, 노유자시설, 수련시설, 운동시설, 숙박시설 중 관광숙박시설 및 관광휴게시설	시설물안전법, 건축물관리법, 초고층재난관리법[44]

-하천시설(하구둑, 제방·보): 시설물안전법, 하천법

-상하수도시설: 시설물안전법, 수도법, 하수도법

-옹벽 및 절토사면: 시설물안전법

분류	세부 분류	관계법령
옹벽	지면으로부터 노출된 높이가 5미터 이상인 부분의 합이 100미터 이상인 옹벽	시설물안전법
절토사면	지면으로부터 연직 높이(옹벽이 있는 경우, 옹벽 상단으로부터의 높이를 말한다) 30미터 이상을 포함한 절토부(땅깎기를 한 부분을 말한다)로서 단일 수평연장 100미터 이상인 절토사면	

2) 공중교통수단 대상별 안전 및 보건 관계법령

-철도분야(도시철도 차량, 철도 차량): 철도안전법

-버스분야(시외버스): 교통안전법, 여객자동차 운수사업법, 자동차관리법

-항공분야(운송용 항공기): 항공안전법

44) 초고층재난관리법은 층수가 50층 이상 또는 높이가 200m이상인 건축물 등에 적용

스마트 안전장비 관련 기업

스마트 PPE 및 안전장비 시장 분석

VI. 스마트 안전장비 관련 기업

1. 삼성물산

삼성물산은 정보통신 및 센서 기술 활용으로 **건설 현장 내** 건설장비의 가동 시간과 위치 데이터를 실시간으로 수집하고 분석해 안전사고를 예방하는 장비 **위험제거 장치 R.E.D(Risk Elimination Device)를 개발**했다고 밝혔다.

이 장비위험제거장치는 실시간으로 건설장비 가동시간과 위치데이터를 파악하고 분석한 뒤 건설현장에 접근하는 장비 운전원과 안전관리자에게 위험성을 경고한다. 장비위험제거장치 개발은 20여명의 전문가로 구성된 DfS(Design for Safety, 설계안전성검토)팀이 맡았다.

DfS팀은 사전에 위험요소를 제거하는 예방형 현장 관리를 위해 스마트 기술에 주목했다. 설계는 물론 계획수립과 시공 등 다양한 부분에서 프로젝트 생애주기별로 안전 디자인에 역량을 집중하고 있다. 이들이 개발한 기술은 안전의 패러다임부터 바꿔나가고 있다.[45]

삼성물산은 향후 이 장치를 테이블리프트, 이동식크레인, 지게차 등 현장에서 자주 사용되는 건설장비에 확대 적용하고 기존에 활용하던 현장관리 시스템과도 연동할 계

45) [재해 없는 건설 현장] ① 스마트 기술이 만드는 안전 일터. 2021.12.10. Viewers

획이라고 덧붙였다. 삼성물산 관계자는 “장비사고는 대형사고로 이어질 가능성이 높기 때문에 불필요한 장비를 제거하는 것이 안전 확보 차원에서 중요하다”며 “장비 위험제거장치를 적극적으로 활용해 나갈 것”이라고 밝혔다.[46]

2. 현대건설

현대건설은 최첨단 기술을 활용해 스마트 안전기술 개발과 적용에 앞장서고 있다. 특히 기존 현장에서 인력이 직접 수행했던 위험한 작업들을 건설자동화, 로보틱스 기술로 대체해 안전사고를 사전에 예방하고, 품질을 대폭 향상시키고 있다.

△재해예측 AI 시스템

재해 예측 AI는 현대건설이 지난 10여 년 간 수행한 프로젝트에서 4000만건 이상의 빅데이터를 수집해 만든 자체 개발 시스템이다. 지나치기 쉬운 현장의 사소한 위험요소들까지 찾아내 재해위험을 최소화하고 있다. 국내 전 건설현장에서 예정공사 정보를 입력하면, 작업 당일 예상되는 재해위험 정보를 AI가 예측하고, 정량화해 위험 체크리스트와 함께 현장 담당자에게 이메일과 문자메시지를 제공한다.

구체적으로 국내 전 현장의 고위험 공종에 대해 사전 알람 및 점검사항을 발송하고 있으며, 현장 담당자는 공종 재해위험지표를 통해 재해 위험을 확인하고, 재해 유형별 발생 확률을 정량적으로 확인할 수 있다. 이런 과정을 통해 현장 담당자는 AI가 예측한 고위험 작업에 대한 집중 관리와 사전 조치가 가능하다.

46) 건설업계, ‘스마트 안전기술’ 개발 박차. 2021-12-03. 미디어펜

AI기반의 빅데이터 분석은 건설업 안전관리에 있어 기존의 엑셀 등을 활용한 단순 분석으로는 불가능했던 대규모 데이터 관리, 비선형적 관계 추론, AI 학습 모델의 지속적인 개선 등을 가능하게 해 현장 재해 예방에 기여하고 있다.

△AI 영상인지 장비협착 방지 시스템

AI 영상인지 장비협착 방지 시스템. / 사진 : 현대건설 제공

AI 영상인지 장비협착 방지 시스템은 기존의 초음파 방식의 단점을 개선한 최첨단 시스템이다. 이 시스템은 중장비의 사각지대인 측후방에 설치된 카메라 영상분석을 통해 AI로 사물과 사람을 구분해 중장비에 사람이 접근했을 때만 알람을 제공한다.

건설현장에서는 공사 특성에 따라 AI 영상인지 장비협착 방지 시스템으로도 작업자를 감지하기 어려운 경우가 발생할 수 있다. 예를 들어 땅속에 관로를 매입하는 등 장비보다 낮은 위치의 작업을 할 경우에는 카메라만으로 감지할 수 없는 사각지대가 여전히 존재한다.

현대건설은 카메라의 사각지대 제거를 위해 영상인식의 전방위 감지가 가능하도록 시스템을 지속적으로 업그레이드 예정이다. 기존 무선통신기반 거리인식 기술인 BLE (저전력 블루투스) 통신방식 대비 정확도가 향상된 UWB(초광대역 무선기술) 기반 통

신방식을 활용해 작업자와 중장비 간 거리 오차를 최소화할 수 있는 장비 협착 방지 시스템 개발을 추진하고 있다.

△스마트 자동계측 모니터링 시스템

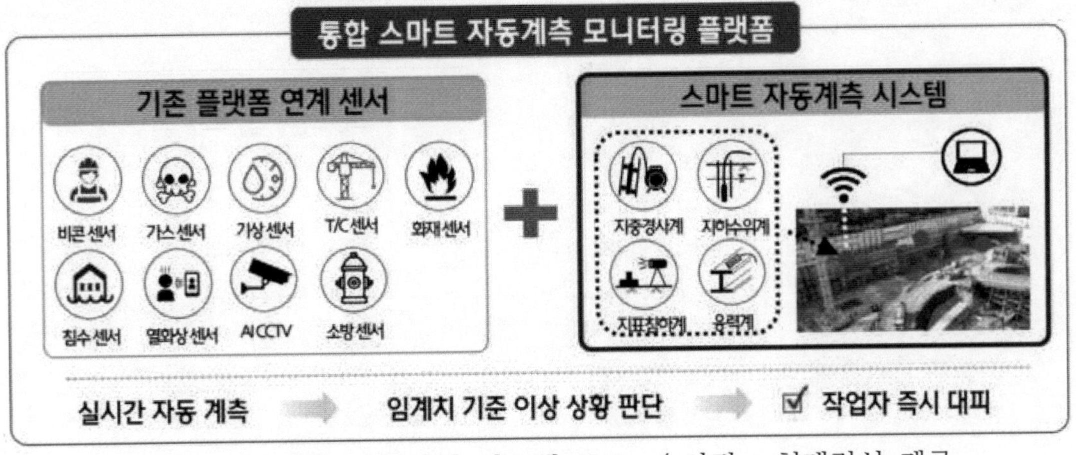

스마트 자동계측 모니터링 시스템 구조. / 사진 : 현대건설 제공

스마트 자동계측 모니터링 시스템은 자동계측 센서와 클라우드 기반 시스템을 통해 붕괴사고 예방을 위해 현장의 가설구조물 및 지반의 상태를 실시간으로 통합관리 할 수 있는 시스템이다.

특히 현대건설의 안전관리 시스템인 HIoS(Hyundai IoT Safety System)와 연동해 현장의 데이터를 실시간으로 전송하고, 자동으로 데이터 정리와 분석이 가능해 언제 어디서나 현장의 안전성을 파악 할 수 있다. 현대건설은 이를 통해 별도 계측을 통해 관리하는 현장을 실시간으로 통합관리 할 수 있고, 지반 침하, 지반 붕괴, 지하수 유출의 징후를 사전에 인지해 즉각 대응할 수 있다. 이외에도 현대건설의 안전사고 관리 핵심으로 떠오른 하이오스를 다양한 부문과 연동하고 있다. 붕괴사고 예방을 위한 '통합 스마트 자동계측 모니터링 시스템' 적용이 대표적이다.

△원격현장관리 플랫폼

현대건설의 원격현장관리 플랫폼은 건설현장을 실시간으로 관리할 수 있는 스마트 안전기술이다. 이 플랫폼은 무인드론과 스마트글래스를 연계한 게 핵심이다. 영상과 3D

데이터를 기반으로 입체적인 현장관리가 가능하다.

360°카메라, CCTV 영상 등 다양한 스마트기기와 연계해 위험 작업구간 등에서 작업자 안전을 실시간으로 확인할 수 있으며, 사고가 발생할 경우 즉각적인 안전조치를 취해 피해를 최소화할 수 있다.[47] 현대건설은 해당 시스템을 '경주 보문천군지구 도시개발사업 조성공사 현장'에 시범 적용했다.

3. 포스코

posco
포스코이앤씨

포스코이앤씨가 인공지능(AI), 사물인터넷(IoT), 로봇공학(Robotics), 가상현실(VR) 등 스마트 기술을 적용한 안전관리 방안 도입에 적극적이다. 현재 안전 스마트기술을 전 현장에 확대 적용하고, 협력사 안전관리 체계 구축을 위해 전폭적으로 지원하고 있다. 생산성은 높이고 시공오류는 낮추기 위해서도 활용된다.

포스코이앤씨은 추락사고를 방지하기 위해 근로자가 직접 착용하는 안전 장비 강화에 나섰다. 안전벨트 체결 오류나 실수를 원천적으로 차단하는 **스마트 안전벨트 개발**에 성공했다. 생명줄이나 구조물에 정확히 체결됐는지를 판단하고 아예 체결하지 않거나 엉뚱한 곳에 체결했을 경우 안전벨트 착용자와 안전관리자에게 즉시 통보된다. 보고를 받은 안전관리자는 중앙관리 컴퓨터나 모바일로 현장근로자에게 무전 또는 현장을 방문해 안전벨트 정상체결을 지시한다.

이와 함께 스마트 에어백도 있는데, 평범한 조끼처럼 생겼지만, 근로자의 움직임, 속

47) 현대건설 스마트 안전기술 4선. 대한경제. 2023.05.23

도 변화 등을 감지하는 센서가 탑재돼 있어 근로자의 추락을 감지하면 0.2초 만에 조끼에 내장된 이산화탄소가 팽창해 에어백을 만들어 추락에 대한 충격을 약 55%까지 완화해준다.[48)]

4. 롯데건설

롯데건설은 360도 촬영 가능한 **'넥밴드형 웨어러블 카메라'**를 현장에 도입했다. 이 장치의 가장 큰 특징은 기존 액션캠과 달리 목에 걸어 착용하기 때문에 양손이 자유롭다. 장치를 착용한 근로자의 카메라 촬영을 통해 건설현장 내 위험작업관리와 평소 눈에 띄지 않는 사각지대까지 관리 가능하다. 영상 녹화 및 실시간 스트리밍도 가능해 언제 어디서든 누구나 안전관리를 할 수 있다.[49)]

롯데건설은 '통합건설 시공관리 시스템'을 도입해 드론을 통해 시공 전경 및 공사현황 등의 현장 영상정보를 확보하고 3차원으로 정보를 구성해 기술적 위험요인에 대한 예측과 대응하고 있다.

롯데건설 관계자는 "기존에 시행해오던 안전 관리 시스템과 함께 이번에 도입한 동영상 기록 관리 시스템을 함께 적용한다면 한층 더 강화된 안전 및 품질 관리가 이뤄질 수 있을 것으로 기대한다"며 "안전과 품질에 대한 기준과 원칙을 완벽하게 실천하고 실제 근로자가 실행할 수 있는 환경이 되도록 노력하겠다"고 말했다.

48) "평범한 조끼가 에어백으로"...포스코이앤씨, 스마트기술로 안전 확보. 뉴스원. 2023.10.25
49) [재해 없는 건설 현장] ① 스마트 기술이 만드는 안전 일터. 2021.12.10. Viewers

5. 지에스아이엘·삼성엔지니어링

최근 대두되고 있는 ESG 경영에 발맞춰 가장 이슈가 되고 있는 것이 바로 '안전'이다. 특히 중대재해처벌법[50]은 건설업계가 안전사고 예방을 위한 총력을 기울이도록 환경을 조성했다. 이로 인해 스마트 안전장비와 기술도입에 대한 관심이 증가하고 있다. 하지만 이러한 스마트 기술도입은 현재 '안전'의 관점이 아니라 IT의 관점/기준/단가 책정 등을 중점으로 진행되고 있어 현장의 적용성, 실용성의 한계가 있다고 전문가들은 지적하고 있다.

안전의 관점에서 본다면, 건설의 설계부터 시공, 유지관리까지 전주기 과정을 고려해 다양한 통신, 기술들이 잘 융합돼야 한다. 이와 더불어 안전관리감독자를 돕기 위해서는 안전관리자들이 시스템 도입으로 인해 업무가 가중되지 않도록 다양한 스마트안전장비와 시스템이 필요에 따라 결합될 수 있는 구조로 설계되는 것이 중요하다.

이에 따라 **㈜지에스아이엘과 삼성엔지니어링㈜과의 공동개발을 통해 탄생한 '비잇(BE-IT)'**은 중대재해처벌 시행에 따른 대응을 기업 또는 현장의 입장에서 가장 손쉽게 준비할 수 있는 모듈 형태의 플랫폼이다.

특히 삼성엔지니어링은 글로벌 스탠다드 안전기준을 중견건설사나 중소형건설현장에

---

50) 중대재해 처벌 등에 관한 법률은 안전조치 의무를 위반하여 발생하는 인명피해를 예방하기 위해 제정된 대한민국의 법률이다. 2021년 1월 8일 국회 본회의를 통과하여 1월 26일 제정되었고 1년이 경과한 시점인 2022년 1월 27일 이후로 동법이 시행될 예정이다.

빠르게 도입할 수 있도록 했으며, 위험 고지 이후 다양한 스마트 안전장비 연동을 고려해서 실시간 안전데이터 모니터링뿐만 아니라 수집 가공을 통해 안전관리감독자를 더 효율적으로 도울 수 있다. 뿐만 아니라 작업게시가 되면 안전관리자의 모바일과 현장 사무소의 웹을 통해 양방향으로 관리된다. 작업의 게시/종료 여부, 계획대비 실제 현장에 투입된 인력·장비 현황과 작업자의 실시간 위치 파악 등이 가능하다는 것이 장점이다.

이처럼 비잇 플랫폼은 **건설 현장의 안전을 확보하기 위한 전체 프로세스와 기능, 데이터가 통합된 기술이라는 점이 타 솔루션과의 차별화된 점이다.** 특히 전국 현장의 근로자, 중장비, IoT 디바이스 등 실시간 연계·제어할 수 있는 '통합 모니터링·컨트롤 기술'과 위험성평가/작업 허가관리/부적합관리/안전교육관리 프로세스와 기존 프로세스의 '통합화 기술'을 보유하고 있다.

또한 근로자 출역, 센싱, 위험지역, 동영상 등 데이터를 '수집·처리·분석할 수 있는 기술', 건설 현장의 다양성과 이기종 IoT 디바이스의 유연한 연계를 위한 '표준화 정의, 설계 기술', 그리고 Open API 등 활용해 외부/내부 I/F 연계와 확장 가능한 '구조 설계, 구현 기술'도 보유해 차별을 두고 있다.[51)]

6. 대우건설

51) '스마트 안전통합플랫폼' 통해 건설안전 패러다임 바꾼다. 2021.11.17. 공학저널

대우건설은 전국 현장에서 최대 256개의 드론을 동시에 통제할 수 있는 관제시스템을 운영 중이다.

대우드론관제시스템 'DW-CDS(Daewoo Construction Drone Surveillance)'는 전용 어플리케이션과 프로그램을 통해 관제센터에서 종합관제와 드론원격제어를 수행하는 것으로, 4G·5G 통신망을 이용해 자체 개발한 영상관제플랫폼인 CDS.Live로 영상을 전송해 현장을 모니터링 할 수 있는 시스템이다.[52)]

7. GS건설

GS건설도 그간 시범 운영에 머물던 **보행 로봇인 '스폿'**을 아파트 건설현장과 토목공사 현장에 확대 배치한다는 계획이다. GS건설은 **'스폿'에 라이다(LIDAR) 장비, 360도 카메라, IoT센서 등 다양한 첨단 장비를 설치해 현장 실증시험을 진행** 하고 있다. 실험이 끝나는 대로 위험구간 유해가스 감지, 열화상 감지 등 건설현장 안전관리에 활용할 계획이다.

한편, GS건설은 현장 안전을 점검하고자 안전 수준을 녹색, 황색, 적색의 평가 기준으로 차등 관리하는 안전신호등 제도를 운영하고 있다. 안전점검팀이 안전신호등을 점검한 결과, 낮은 평가를 받은 현장에 대해서는 문제점을 도출해 워크숍을 실시하고 월 2회 이상 현장 점검을 진행하게 된다. 아울러 중대재해로 이어질 수 있는 건설기계 및 장비 사고를 예방하기 위해 GS건설은 타워크레인 설치·해체, 교량 거더 설치

52) 대우건설, '256개 드론' 운용가능 관제시스템 운영. 한국금융. 2024.03.11

등 고위험 작업에 대한 관리감독을 실시하고 있다고 밝혔다.[53)]

중대재해처벌법 시행을 앞둔 건설업계의 이같은 행보는 안전 관련 인력 수급과도 밀접하게 맞닿아 있다. 대형건설사 관계자는 "대형사들의 스마트 안전기술 개발은 인력을 대체할 수 있는 기술을 빠르게 도입해야 한다는 압박의 영향도 일부 있다"면서 "앞으로 건설현장 운영에 '리스크'로 작용할 수 있는 안전 관련 문제를 궁극적으로 '무인화'하는 방안이 탄력을 받게 될 것"이라고 말했다.[54)]

8. 스캔비

화재현장 3D 스캔 및 매핑용 파노라마 이미지

(출처: 스캔비 공식 홈페이지)

스캔비는 **3D 스캐너를 활용한 화재현장의 스마트 현황조사 및 분석 솔루션**을 개발했다. 3D 레이저 스캐너 장비로 촬영한 고정밀 데이터에 사진 측량기술인 포토그래메트리(Photogrammetry)를 가미해 보다 현실적이고 정확한 3차원 가상공간을 데이터로 제공한다. '장비가 비싸고, 데이터 용량이 큰' 3D 스캐닝의 단점을 인공지능(AI) 압축기술로 데이터 무게를 확 줄이고, 건축의 BIM(Building Information Modeling)과 사진 측량기술을 더해 활용성을 높인 것이 특징이다. 기존 드론(Dron)이나 3D 버추얼 · 맵핑 카메라로 찍은 사진 자료의 낮은 정밀도는 3D 스캐닝으로 보완했다.

53) GS건설, 로봇개 '스팟'이 유해가스 감지 임무 맡는다 2021.06.08. 매일경제
54) 안전관리자 '구인난'에 '무인 안전관리' 확대된다. 2021-12-07. 대한경제

한편, 스캔비는 전남 목포시 조선내화 옛 목포공장의 건축대수선 사업에 참여하여 3D 스캐닝과 BIM을 활용해 노후 구조물의 현황조사와 도면화를 지원했다. 등록문화재인 목포공장은 문화재청 승인을 얻어 복합문화공간으로 보수、정비할 예정이다.

최근에는 국내 대형건설사와 손잡고 모델하우스에 XR(가상융합현실) 콘텐츠를 공급하는 사업을 추진 중인 것으로 알려졌다. 단순히 가상현실(VR) 모델하우스를 보여주는 것을 넘어 가구, 창호 등을 고객 취향대로 배치를 바꿀 수 있다. 제품에 대한 기본 자료 제공은 물론이고 포토그래매트릭 기술을 동원해 최고급 가구를 실제와 똑같이 구현한다.

한편, 스캔비는 건축 분야를 넘어 문화재 복원사업, 사이버 미술관, XR 콘텐츠 사업 등으로 외연을 넓히고 있다. 문화재청은 문화재 수리이력을 통합 관리하기 위해 2025년까지 국보、보물 목조 건조물문화재 221건에 HBIM(Historic Building Information Modeling)을 구축할 예정이다. 스캔비는 포토그래매트릭 기반의 3D 모델링을 통해 구조와 외관은 물론이고 전통 건축물의 화려한 문양과 재각기 다른 나무의 질감、형태, 세월의 오랜 흔적까지 고스란히 기록할 수 있다. 현재 고려대와 문화재에 맞는 스캐닝 데이터 기준을 만들고 있다.[55][56]

9. 현대두산인프라코어

현대중공업그룹 건설기계 계열사인 두산인프라코어가 국토교통부 주최 스마트 건설

55) https://www.spacecanbe.com/fire-damage
56) [Wow! Contech] 데이터 기반 3D 스캐닝기업 '스캔비' 2021-04-30 대한경제

기술 경연대회인 ‘스마트건설 챌린지 2021’에 참가하여 **굴착 자동화 기술**을 선보였다. 스마트건설 챌린지 2021은 4차 산업기반의 첨단기술을 활용한 스마트건설 기술을 발굴, 지원하고 속도감 있는 현장 적용을 유도하기 위한 기술경연대회다. 이번 경연은 △스마트 안전 △건설자동화 △로보틱스 △건설IoT·AI·센싱 △BIM 소프트웨어 라이브 등 총 5개 분야로 나누어 진행됐다.

두산인프라코어는 이번 대회에서 ‘건설자동화’ 분야에 출전해 스마트 관제 솔루션 ‘사이트클라우드’(XiteCloud)와 결합한 원격제어 기반 굴착 자동화 기술을 선보였는데, 사이트클라우드는 두산인프라코어가 출시한 국내 유일의 클라우드 기반 통합관제 솔루션이다. 3차원 드론 측량 후 전용 클라우드 플랫폼에 접목해 토공물량 계산, 최적화 작업계획 수립, 현장작업을 효율적으로 지원한다.

두산인프라코어 관계자는 “사이트클라우드를 통해 건설기계장비 제조, 판매를 넘어 ‘건설현장관리’까지 사업분야를 확대하고 있다”며 “작업 공기 단축은 물론 건설장비 연료비 절감, 현장 안전성 향상까지 건설산업 전반에 걸쳐 새로운 미래를 그려 나가겠다”고 말했다.

한편, 두산인프라코어는 최근 머신가이던스 및 머신컨트롤 기능, 웨잉(weighing, 작업중량 측정) 시스템, 안전 시스템 등 첨단 건설 자동화 시스템을 더해 통합 스마트 건설 솔루션으로 서비스를 확대했다. 작업 계획 정보를 건설장비에 전송하면 건설장비가 반자동으로 작동해 가장 효율적으로 공사를 수행할 수 있다.[57]

---

57) 현대두산인프라코어·현대건설기계, 미래 혁신기술 선보인다. 2021.11.9. 이뉴스투데이

10. 엔젤스윙

엔젤스윙은 콘테크(Con-tech) 스타트업으로, 드론 가상화 기반 디지털 트윈 기술을 통해 가상 현장에서의 시공관리와 측량으로 현장의 생산성을 높이고, 장비 안전 시뮬레이션으로 안전사고를 예방하는 플랫폼 솔루션을 제공한다. 삼성물산, GS건설, 현대건설 등을 비롯해 도급순위 20위권 건설사의 75%에서 사용되고 있으며, 국내외 230개 이상 현장에 도입되어 활용되고 있다.

엔젤스윙의 '시공관리 플랫폼'과 '안전관리 플랫폼'은 드론 가상화 기술 기반 디지털 트윈 플랫폼으로, 가상 현장에서의 시공관리와 측량으로 현장의 생산성을 높이고, 장비 안전 시뮬레이션으로 안전사고를 예방할 수 있게 해준다.

'시공관리 플랫폼'의 주요 특징으로는 우선 '보는 것을 넘어 측정까지' 시공 관리의 새로운 패러다임을 제시한다는 점이 꼽힌다. 실제 현장을 웹에 그대로 구현하는 가상화로, 현장의 과거부터 현재까지 시간의 흐름에 따른 변화를 원활하게 확인할 수 있다는 것. 또한 현장에 가지 않고도 클릭만으로 '쉽고 빠르고 안전하게' 웹 상에서 정확한 측량이 가능하다는 게 관계자의 설명이다.

아울러 '데이터의 자동처리부터 분석까지' 드론 데이터의 가치를 극대화하는 점도 특징적이다. 드론 데이터를 누구나 쉽게 활용할 수 있는 가치 있는 공간정보로 변환해준다. 업로드만으로 자동으로 드론 데이터의 처리 및 보정이 가능하며, 기존 CAD 소프트웨어와의 호환으로 건설현장 맞춤형 솔루션을 제공한다.

디지털 트윈 기반 건설 현장 안전관리 솔루션 '엔젤스윙 안전관리 플랫폼'은 실제와 동일한 장비 시뮬레이션 및 시각적인 작업 계획으로 기록하고, 소통하며, 예방할 수

있는 효과적인 안전관리가 가능한 플랫폼이다. 지속가능한 안전관리 솔루션으로 발주처-시공사-현장의 모든 관계자가 쉽게 참여하고 공감하며 소통하는 안전관리를 추구한다는 점이 강조됐다.

엔젤스윙 측은 "자사 솔루션은 자동화 탐지 AI의 높은 측량 정확도 및 측량결과의 높은 호환성을 보유했다. 매끄러운 사용자 경험을 위해 클라우드 환경, AI 및 컴퓨터 비전 기술 기반으로 모든 드론 데이터 처리, 분석 과정을 자동화했으며, 사용자가 사진을 플랫폼에 업로드하는 것만으로도 촬영된 데이터가 자동 처리, 보정된다"라며 "측량점을 기준으로 데이터를 자동 보정하는 기술의 수준은 업계 최고라고 자부한다"고 설명했다.

덧붙여 "드론 측량 결과물의 정확도를 확보하기 위해 CAD 호환성 기술을 개발해 왔으며, .DWG 파일을 지원하는 등 비교우위를 보유하고 있다. 아울러 내일의 계획을 세우는 시뮬레이션으로 제품을 차별화했으며, 실시간 매핑 기술 등 차별화 기술도 보유했다. 장비 시뮬레이션 및 가설 계획을 가상공간에 미리 시뮬레이션해 볼 수 있는 모듈을 통해 현장/안전관리가 가능하다."고 밝혔다.[58]

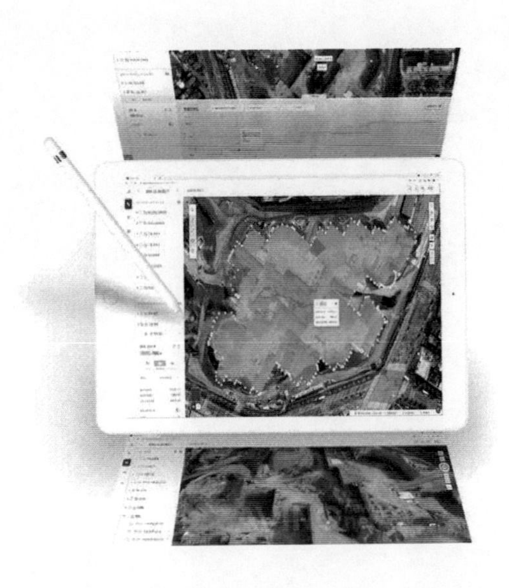

엔젤스윙의 '시공관리 플랫폼'

58) 엔젤스윙, 싱가포르 'SWITCH 2023'서 시공안전 관리 플랫폼 소개해... 에이빙. 2023.11.10

11. 한컴라이프케어

HANCOM
한컴라이프케어

한컴라이프케어는 1971년 설립해 공기호흡기, 방독면, 방열복, 방화복, 소방용화학보호복 등 각종 안전장비를 생산·공급하는 개인안전보호장비(PPE, SCBA) 전문기업이다. 2017년 한글과컴퓨터그룹에 편입된 뒤 방역마스크, 코로나 중화항체 진단키트 등을 출시, 사업 영역을 확대하며 신성장동력으로 디지털 트윈 기반 스마트시티 플랫폼 사업을 전개하고 있다.

한컴라이프케어 소방안전장비 (출처: 한컴라이프케어 홈페이지)

소방용품으로는 공기호흡기, 특수방화복, 화학보호복, 화재대비마스크 등을 생산하고 있으며, 한국소방산업기술원(KFI)으로부터 업계 최초로 소방용 안전헬멧(SCA1205SR)에 대한 KFI 인정을 획득하기도 했다.

한컴라이프케어 관계자는 "소방용 방화두건(SCA1203HP)이 KFI 인정을 획득한데 이어, 소방용 안전헬멧이 KFI 인정을 획득하면서 한컴라이프케어의 우수한 기술력을 검증받았다"며 "앞으로도 지속적인 기술 개발을 통해서 국내 소방용 안전장비 시장 확대와 성장을 주도해 나가겠다"고 밝혔다.[59]

---

59) 한컴라이프케어, '소방용 안전헬멧' KFI 인정 획득 2020.04.24. topstarnews

한컴라이프케어 산업안전장비(출처: 한컴라이프케어 홈페이지)

산업안전장비로는 산업용 방열복, 방진/방독마스크, 송기마스크, 화학물질보호복 등이 있다.

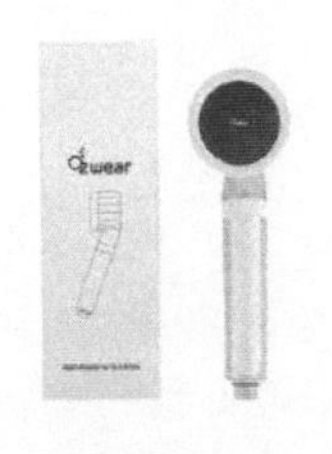

한컴라이프케어 개인안전장비(출처: 한컴라이프케어 홈페이지)

개인안전장비로는 손소독제, 화재용 재난안전키트 등이 판매되고 있다.[60]

60) 한컴라이프케어 홈페이지 http://www.sancheong.com/user/main.do

12. 큐리시스

큐리시스는 포스코그룹 사내벤처 프로그램 '포벤처스 1기'로 1년간의 포스코ICT 사내 인큐베이팅을 거쳐 '20년 12월 설립되었다. 큐리시스는 Smart Safety 개발 프로젝트 경험을 바탕으로 최첨단 산업안전 ICT기술을 적용한 산업 근로자용 '스마트 안전조끼'를 출시했다.

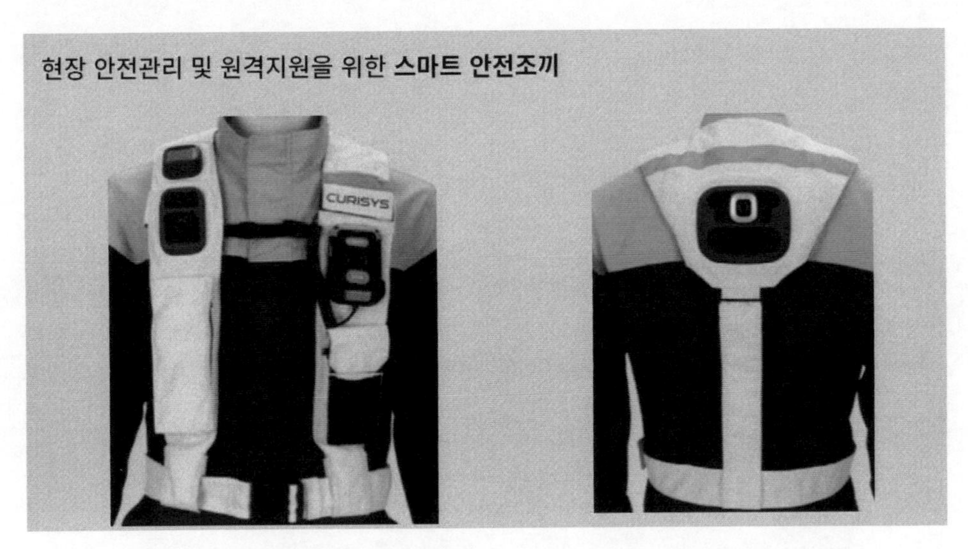

큐리시스가 출시한 스마트 안전조끼 (출처: 큐리시스 공식 홈페이지)

'스마트 안전조끼'는 조끼 일체형으로 제작됐으며, 기존에 개발되어 포스코에 적용, 활용되고 있는 스마트 안전모(헬멧) 장착형 또는 글래스 타입의 웨어러블 안전기기 보다 착용 편의성, 활동성, 무게감, 배터리 사용시간을 작업자 중심으로 획기적으로 개선해 장시간 착용 시 피로감 최소화 및 착용성을 극대화하였다.[61]

스마트 안전조끼는 다음과 같은 특성과 로직으로 활용된다.

---

61) 포스코그룹 사내벤처 큐리시스㈜, '스마트 안전조끼' 출시…산업안전 ICT기술 적용. 2021.7.2.아이티비즈

구분	내용
착용 편의성, 활동성	무게분산, 대용량 배터리적용, 다양한 디자인
고객 솔루션과 연동성	다양한 현장 IoT센서들과 효과적인 연동 및 연계
연동 확장성, 모듈 탈부착	CCTV, 영상회의 시스템과 연동가능

스마트 안전조끼의 특성

큐리시스가 출시한 스마트 안전조끼의 로직 (출처: 큐리시스 공식 홈페이지)

62)

62) https://www.curisys.com/ 큐리시스 홈페이지

13. 세이프웨어

주식회사 세이프웨어는 추락 및 인체보호용 웨어러블 에어백 개발 및 제조기업이다. 산업용 추락보호복과 스포츠/레저 분야의 바이크, 승마용, 수상레포츠용 라이프자켓과 노인낙상 보호복, 영유아 질식방지 에어백, 드론 투척용 구명튜브 등 다양한 분야의 안전 시스템을 개발, 상용화하고 있다.

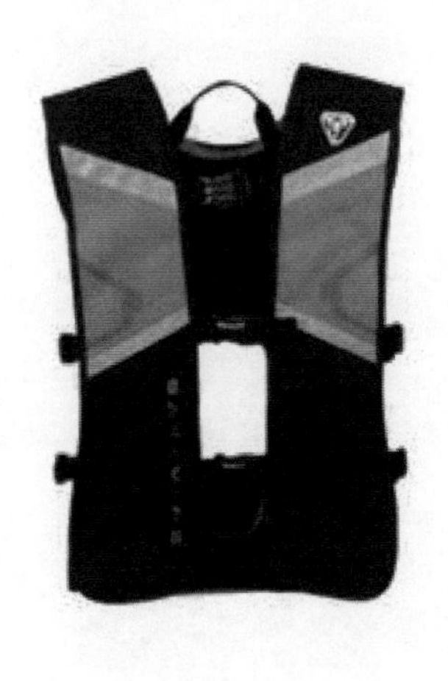

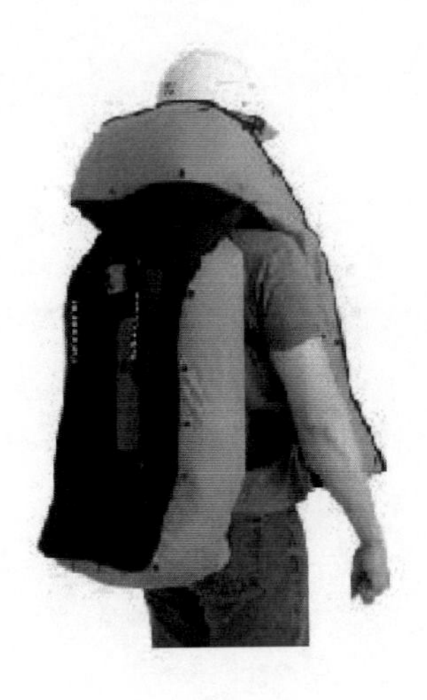

산업용 스마트 에어백 C1.5 (출처: 세이프웨어 공식 홈페이지)[63]

한편, 세이프웨어의 대표 제품, 산업용 스마트 에어백이 혁신조달 대상을 수상했다. 기획재정부와 조달청은 서울 동대문구 동대문디지털플라자(DDP)에서 제2회 혁신조달 경진대회를 열고 혁신기업 대상으로 세이프웨어㈜를 선정했다고 밝혔다. 착용형 스마트 에어백은 그간 작업시 불편함을 최소화했던 안전장비와 달리 추락 시 머리·목·척추·가슴 등 인체 중요 부위를 보호하게끔 만들어졌다.[64]

---

63) http://www.safeware.co.kr/kr/ 세이프웨어 공식 홈페이지

레저용품으로는 '라이더용 웨어러블 에어백'과 '바이크용 웨어러블 에어백'이 있다. 라이더용 또는 바이크용 에어백은 충돌 또는 미끄러짐 사고로 인해 바이크와 베스트를 연결한 키볼이 이탈되면 인플레이터가 작동하여 0.2초 이내에 에어백을 팽창시켜 라이더의 목, 경추, 척추 등 중요 신체부위를 보호한다.

'낙상보호용 웨어러블 에어백'은 거동이 불편한 고령자, 활동량이 많은 젊은 간질환자, 낙상의 기왕력자, 병원에서 낙상 위험이 있는 환자 등을 대상으로 하며 낙상 사고시 센서 감지를 통해 인체가 지면에 닿기 전에 에어백을 자동으로 팽창시켜 인체를 보호하는 웨어러블 제품이다.

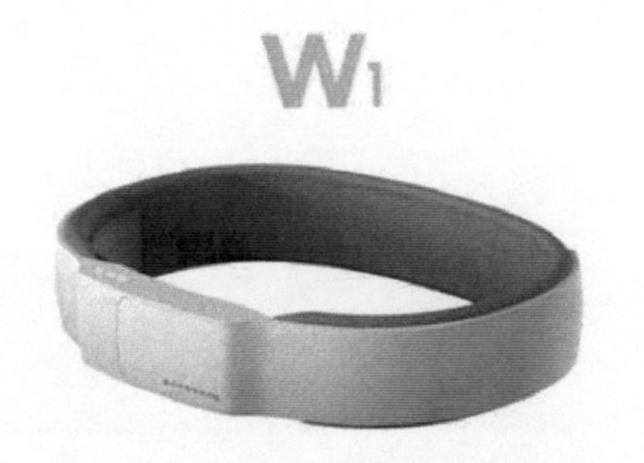

세이프웨어 개인보호장비 에어백

64) '추락사고자 보호' 착용형 에어백, 혁신조달 대상 수상 2021.12.16. news1

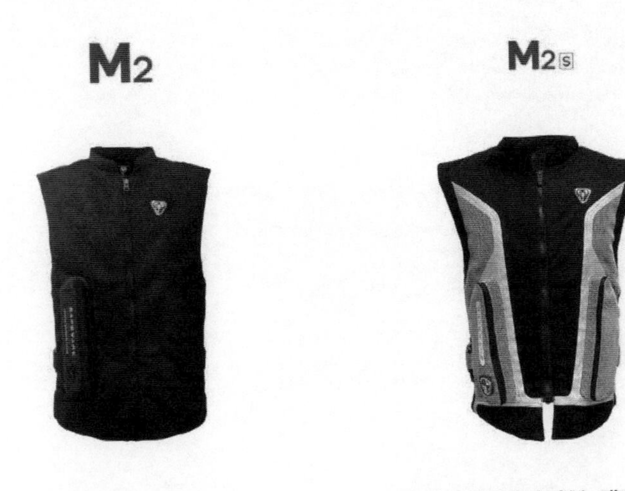

세이프웨어 레저용 에어백 (출처: 세이프웨어)

14. 무선테크윈

1994년 설립된 (주)무선테크윈은 소방용품 관련 안전보호장비를 생산하는 기업이다. 1998년 국내 최초로 무선 리모콘형 스트로브식 장방형 경광등 개발에 성공한 뒤 같은 해 구급 차량에 장착하는 측·후면 경광등을 출시하면서 이름이 알려지기 시작했다. 목표 실현을 위해 업역의 확대가 필요했던 무선테크윈은 기술연구소를 설립하며 기술 투자를 확대해 왔다. 연구를 통해 연기투시랜턴과 헬멧랜턴 개발에 성공했고 이 장비들은 독창적인 기술이라는 평가를 받으며 특수 장비 분야에서도 두각을 나타내기 시작했다.

무선테크윈의 기술력은 현재 보유하고 있는 다양한 특허와 인증을 통해서도 엿볼 수 있다. 경광등과 모터사이렌 등 전장 제품은 모두 한국소방산업기술원의 KFI인정을 획

득했다. 또 연기투시랜턴과 헬멧랜턴 등 5종 특수 장비도 특허출원을 마쳤다.

최근에는 해외 시장 진출을 위해 발을 뻗고 있다. 수출용 소방차량을 제작하는 특장 업체에 전장 제품 일체를 공급하는 계약을 체결하면서 몽골을 비롯한 베트남, 캄보디아, 인도네시아 등 동남아 국가에 제품 공급을 시작했다. 또 도미니카공화국, 모잠비크 등 남미와 아프리카 지역 국가들과도 활발한 상담을 이어가고 있다.[65)]

무선테크윈의 헬멧랜턴(출처: 무선테크윈)

무선테크윈의 헬멧 랜턴은 기존 막대형 랜턴과 다른 특화된 기능도 추가돼 있다. 랜턴 후면에 원터치 방식으로 설치돼 있는 스위치에는 화재 등의 현장에서 타 대원에게 사용자 위치를 알려줄 수 있도록 표시램프가 내장돼 있다. 또 연무 상황에서도 랜턴의 고유 기능을 잃지 않도록 황색 필터를 적용시켰고 밝기모드도 최대, 중간, 최소, 점멸 등 4가지로 조절할 수 있도록 했다. LED는 GREE사의 최신 XP-G3을 사용했다.

사용자의 편의를 높이기 위해 시중에서 쉽게 구할 수 있는 18650 충전 배터리가 들어있으며 전용 충전기가 필요 없도록 내부 충전 회로를 구비해 일반 핸드폰 충전기로도 충전할 수 있게 설계됐다. 무선테크윈 대표이사는 “특허받은 방열구조로 LED의 효율을 극대화한 랜턴”이라며 “KC 인증과 조달등록도 마친 상태”라고 설명했다.[66)]

65) [COMPANY+] 독자적인 기술력으로 시장 선도하는 ㈜무선테크윈 2020/09/22 FPN소방방재신문
66) 무선테크윈, 소방용 헬멧 랜턴 출시 2017/09/11 FPN 소방방재신문

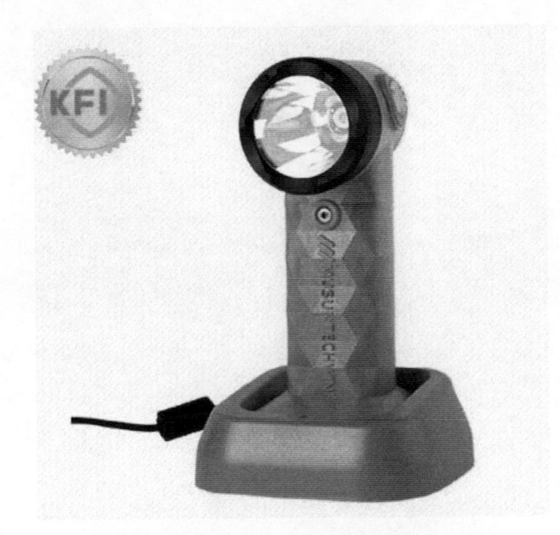

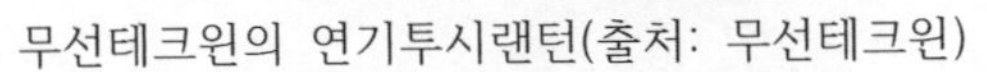
무선테크윈의 연기투시랜턴(출처: 무선테크윈)

무선테크윈의 특수기능랜턴

그 외에 무선테크윈의 특수기능랜턴과 연기투시랜턴은 램프출력 10W Cree LED의 밝은 빛으로 야간에 전방 300미터 까지 투시가 가능하다. 또한 개인안전 인명구조경보장치를 내장하고 있어, 소방관 또는 순찰자가 질식 또는 외부로부터 공격(충격)을 받아 사용자의 움직임이 없으면 10~15초 후 강력한 LED 점멸신호 불빛과 강력한 3가지 구조경고신호로 주위 사람들에게 구조요청을 할 수 있는 기능이 있다.[67]

---

67) http://www.musun2002.co.kr/ 무선테크윈 공식 홈페이지

스마트 PPE 시장현황

스마트 PPE 및 안전장비 시장 분석

VII. 스마트 PPE 시장현황

전 세계 스마트 PPE 시장은 2021년 31억 3천만 달러 규모였으며, 연평균 성장률 16.4%로 증가하여, 2028년 90억 5천만 달러로 성장할 것으로 예측했다. 시장조사 전문 기관인 '포춘 비즈니스 인사이트(Fortune Business Insights)'는 '스마트 PPE 기술 시장 규모, 점유율 및 코로나19 영향 분석, 제품 유혀별, 애플리케이션별 및 지역 예측(2021~2028년)' 보고서를 통해 이같이 예측했다.

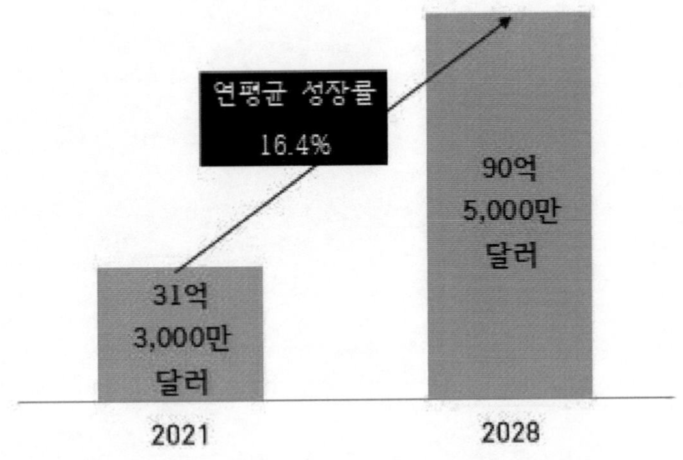

전 세계 스마트 PPE 시장 규모 및 전망(포춘 비즈니스 인사이트)

전문 시장 조사 기업 글로벌인포메이션는 스마트 PPE 시장 규모가 2023년 27억 58만 달러에서 2027년 76억 5,907만 달러에 이르고, 2023-2027년간 연평균 성장률 17.48%로 성장할 것으로 전망했다.

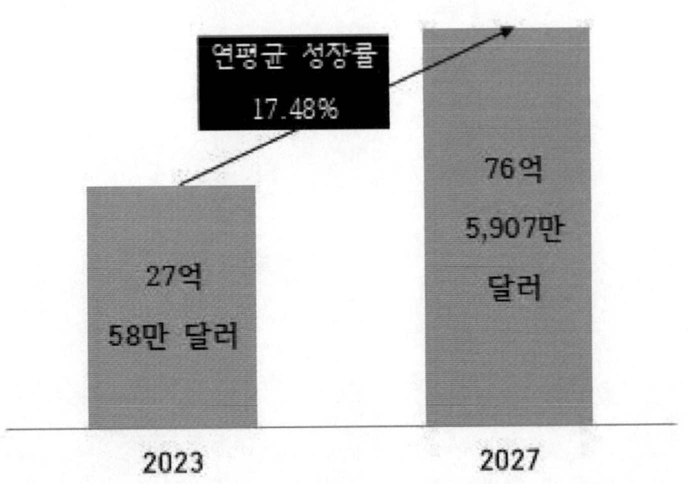

[그림 70] 전 세계 스마트 PPE 시장 규모 및 전망(글로벌인포메이션)

‘유형별 스마트 PPE 시장 2023년부터 2031년까지 글로벌 동향 및 예측’보고서에는 전 세계 스마트 PPE 시장은 2023년부터 2031년까지 CAGR 13.4% 이상 성장할 것으로 전망했다. 2022년 24억 달러를 조금 넘는 규모에서 2031년에는 95억 달러를 넘어설 것으로 예상했다.

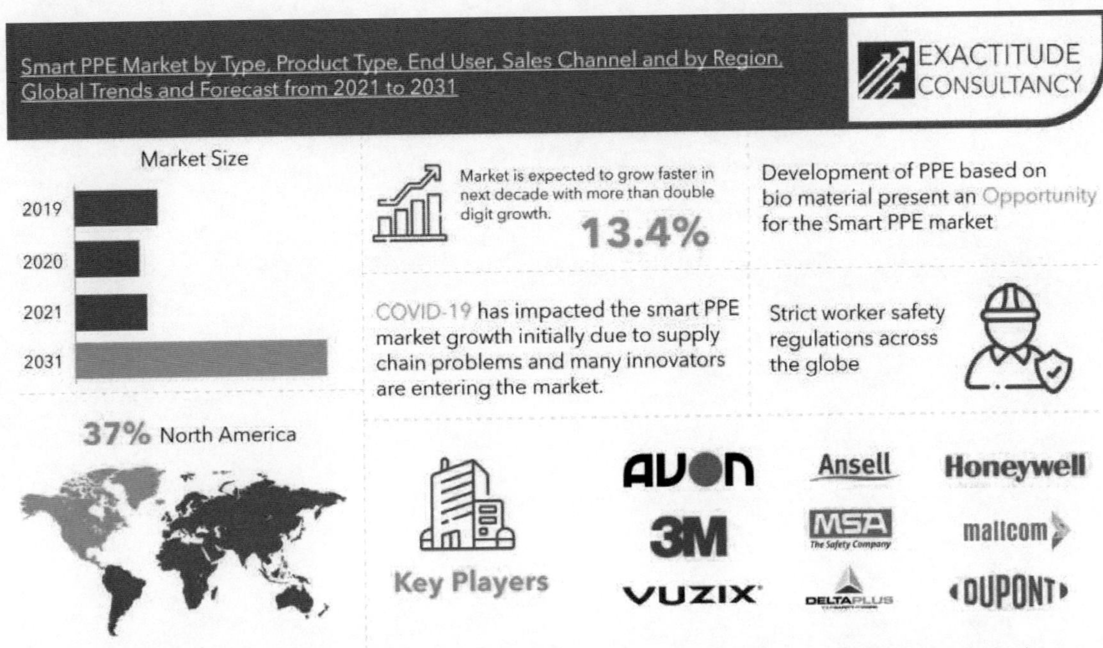

전 세계 스마트 PPE 시장 규모 및 전망(EXACTITUDE CONSULTANCY)

코로나19 대유행은 전 세계 시장에 큰 혼란을 가져왔다. 바이러스 확산에 따라 글로벌 매출은 감소했다. 특히 코로나19는 미국, 중국 등 주요 시장에 부정적인 영향을 미쳤다.

공장과 산업체의 일시적인 폐쇄로 인해 봉쇄 기간 동안 산업 부문의 스마트 개인 보호 장비에 대한 수요가 낮았다. 동시에 의료 산업에서는 의료 종사자, 폐기물 관리 및 최전선 직원을 전염성 바이러스로부터 보호하기 위한 스마트 PPE 기술에 대한 수요는 높았다. 그러나 팬데믹의 발생으로 인해 제품 및 장치의 공급망이 크게 중단되었다. 이는 스마트 개인 보호 장비 생산에도 영향을 미쳤다. 따라서 이 기술의 성장은 팬데믹 기간 동안 꾸준히 증가할 것으로 예상됐다.

팬데믹 이후에는 스마트 PPE 기술에 대한 수요가 급속도로 성장할 것으로 예상된

다. 산업계에서는 안전하고 보안이 유지되는 환경을 제공하기 위해 스마트 개인 보호 장비에 많은 투자를 할 것으로 예상된다. 마찬가지로, 스마트 장갑, 스마트 보호복, 스마트 호흡보호구의 생산도 의료 부문의 증가하는 수요를 충족시키기 위해 기하급수적으로 증가할 것으로 예상된다. 다라서 시장은 팬데믹 위기 이후 빠르게 성장할 것으로 예상된다.

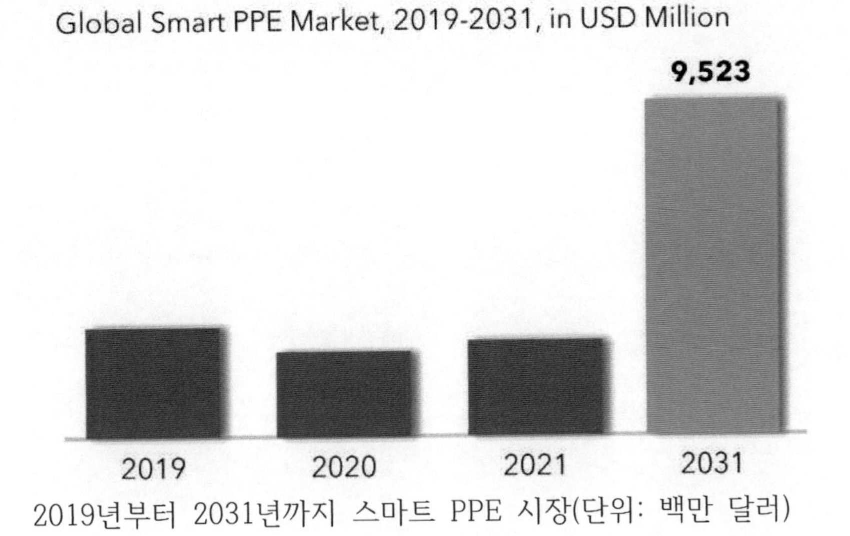

2019년부터 2031년까지 스마트 PPE 시장(단위: 백만 달러)

2020년 북미는 글로벌 스마트 PPE 시장에서 가장 큰 시장 점유율을 차지했으며 예측 기간 동안 꾸준한 속도로 성장할 것으로 예상된다. 스마트 PPE의 주요 수요는 북미 지역, 특히 미국에서 발생한다. 이는 건설 및 제조 현장, 석유 및 가스 산업, 의료 시설 등 여러 분야에서 스마트 PPE의 사용이 증가하는 주요 요인으로 작용하는 작업자 안전에 대한 인식이 높아졌기 때문이다. 이 외에도 북미 지역 군용 스마트 원단 사용 증가도 시장 성장을 견인하고 있다.

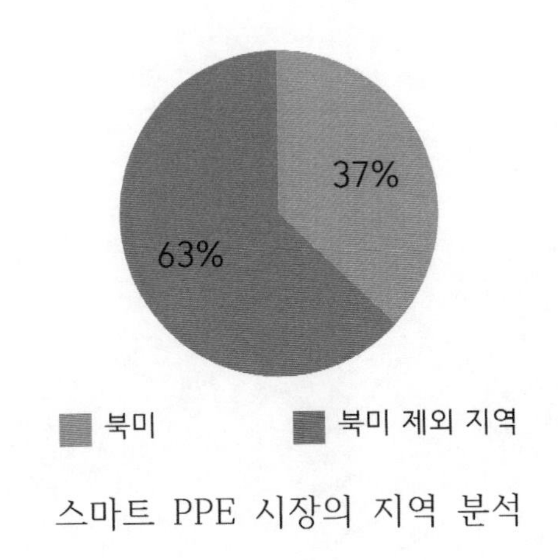

스마트 PPE 시장의 지역 분석

해외 스마트 PPE 시장현황

스마트 PPE 및 안전장비 시장 분석

VIII. 해외 스마트 PPE 시장현황

1. 노르웨이

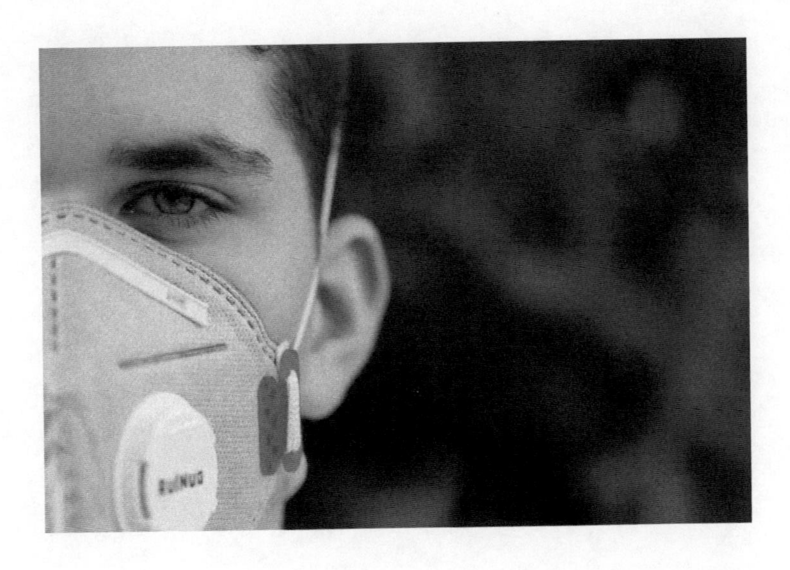

COVID-19 제품 관련 새로운 지침

노르웨이는 유럽의료위원회(EC)와 공동의료조달협정(JPA)과 협업을 통해 특정 의료대책에 대한 접근성을 확보하고 국경간 심각한 건강위협이 발생할 때 필요한 장비의 가용성을 보장하고자 코로나19 제품 관련 새로운 지침을 발표했다.

JPA는 COVID-19 전염병 퇴치에 필요한 의약품, 의료기기 및 보호 장비의 공급을 확보하는 데 있어 노르웨이의 수입 의존 공급망을 지원할 것이라고 밝혔다. EU외의 개인보호장비(PPE) 수출 제한에 관한 노르웨이 외무부와 EC간의 대화에 따라 EC는 4가지 EFTA 상태를 시행규칙 No. 2020/402의 범위에서 제외하기로 결정했다.

NOMA는 또한 COVID-19 전염병에 대해 사용되는 보호장비(예 : 안면마스크, 장갑) 마케팅에 적용되는 규정을 설명하는 지침을 발표하였는데, 보호 장비에는 CE 마크가 있어야 하며 사용목적과 제조업체의 주장에 따라 의료장치 또는 개인보호장비(PPE)로 규제될 수 있다.

소독제 관련 규제는 의도된 용도와 제품 마케팅에 사용된 요구사항에 따라 달라지며 특히, 의료기기의 액세서리 역할을 하는 소독제는 마찬가지로 CE 마크를 획득해야 하며 다른 의료기기에 일반 용도로 판매할 수 없다.[68]

2. 미국

미국 COVID-19 개인보호장비 관련 현황

미국은 현재 코로나19 확진자가 170만 명을 돌파하고 사망자가 거의 10만 명에 육박하며, 코로나19 예방을 위한 개인보호장비가 부족한 상황이다. 이를 해결하기 위하여 미국 연방재난관리청은 방글라데시에 650만 벌에 이르는 개인보호장비를 주문했다고 밝혔다.

이에 따라 방글라데시 기업인 베심코(Beximco)는 미국 연방재난관리청(FEMA, Federal Emergency Management Agency)에 15만 벌의 개인보호장비(PPE, Personal Protective Equipment)를 처음으로 수출하였다.

방글라데시 수도 다카(Dhaka)의 하즈라트 샤잘랄(Hazrat Shahjalal) 국제공항에서 열린 선적 행사에는 샤리아 알람(Shahriar Alam) 방글라데시 외무부 장관 및 얼 밀러(Earl Miller) 주방글라데시 미국 대사 등이 참석하였다. 얼 밀러 대사는 이번 행사가 방글라데시에서 미국으로 보내는 개인보호장비를 처음으로 선적하는 매우 뜻깊은 자리라고 강조했다.

한편, 사이드 나베드 후세인(Syed Naved Husain) 베심코 최고경영자(CEO)는 베심코가 코로나19에 신속하게 대응해 단 2개월 만에 세계적인 수준의 PPE 제조 및 공급 역량을 갖추게 되었다고 언급하였으며, 방글라데시의 대규모 인력은 방글라데시가 코로나19 관련 개인보호장비 제조업의 새로운 허브가 될 수 있는 좋은 위치에 있다고 강조했다.

또한 이를 통해 전 세계적인 신종 코로나 바이러스 위기 속에서 410만 명에 육박하는 방글라데시 의류 산업 부문(Garment Sector) 종사자들의 생계를 보장하며, 동시에 전 세계 사람들을 안전하게 보호하는 데 이바지할 수 있을 것이라 기대감을 표명했다.[69]

---

68) https://www.emergobyul.com/blog/2020/05/efta-countries-and-russia-intr

한편, 미국의 전염병 대유행과 맞물려 발생한 극심한 의료용품 공급난 속에 이미 사용한 일회용 의료 장갑이 새것으로 둔갑해 미국으로 대거 수입된 것으로 나타났다.

CNN방송은 신종 코로나바이러스 감염증(코로나19) 대유행 사태와 관련해 이미 사용됐거나 가짜인 일회용 니트릴 장갑 수천만 개가 태국에서 미국으로 수입된 것을 확인했다고 보도했다. 또 이는 빙산의 일각일 뿐이라면서 미국과 태국 당국의 범죄 수사가 진행 중이라고 전했다.

니트릴 장갑은 합성 고무 소재인 NBL(니트릴 랄렉스)을 적용해 만든 일회용 장갑으로, 의료용으로 많이 사용된다. 미국은 코로나19 대유행 후 마스크, 가운, 장갑 등 개인보호장비 공급 부족이 심각해지자 수입 규제를 한시적으로 풀었는데, 이후 이를 틈탄 불법 무역으로 인해 대응에 골머리를 앓고 있다. 일례로 무역업자인 타렉 커센은 200만 개의 장갑을 태국에서 수입해 유통회사에 넘겼다가 거센 항의를 받았다.

제품이 표준에 미달하고 니트릴 제품이 아니어서 병원이 아닌 호텔, 식당 등에 저가로 팔았다는 피해 사례도 있다. 미 식품의약국(FDA)은 이런 신고를 받고도 검역 과정에서 제대로 된 검사를 하지 않다가, 이 태국회사 제품의 경우 검사 없이는 통관을 보류하라는 경보를 각 항만에 보냈다. 관세국경보호청(CBP)은 지금까지 4천만 개의 가짜 마스크와 수십만 개의 다른 개인보호장비를 압류했지만 의료 장갑의 양을 따로 추적하진 않는다는 입장을 보였다고 CNN에 밝혔다.

CNN은 태국 당국이 이 업체를 조사한 사례도 전했다. 태국 FDA는 이 업체에서 색상과 물질, 품질이 서로 다른 헐거운 장갑으로 가득 찬 쓰레기 가방들을 발견했다. 이 업체 직원들은 이 장갑을 새것처럼 꾸며 태국의 한 합법 회사 브랜드 상자에 포장하고 있었다. 그러나 이 합법 회사는 이 업체와 거래를 하지 않는다고 밝혔다.

---

69) 방글라데시, 미국에 코로나19 개인보호장비 수출 본격화 2020/06/05 EMERICS

태국 FDA는 이 업체 소유주를 체포했지만 홍콩 주민이어서 기소하지 못했다. 이후 이 업체가 창고만 옮겨 같은 일을 반복하는 것을 적발하기도 했다. 270만 달러의 손해를 본 한 미국 무역상은 피해 복구를 위해 태국을 찾았다가 오히려 폭행과 납치 혐의로 기소당하는 황당한 일까지 당했다.

태국 FDA는 직원들이 이미 사용한 장갑을 세척대에서 손으로 문지른 뒤 착색제로 염색하는 현장도 확인했다. 이미 사용한 장갑의 상당수는 중국이나 인도네시아에서 온다는 의심을 하고 있다. CNN은 불법 거래의 규모로 볼 때 일부 장갑이 의료기관까지 갔을 가능성이 있다면서 의료 종사자나 환자에게 피해를 줬는지는 분명히 파악되지 않고 있다는 전문가 견해를 전했다.[70)]

미국 개인보호장비 수요 급증

미국에서 신종 코로나바이러스 감염증(코로나19) 억제를 위한 봉쇄 조치가 완화, 경제활동이 재개되면서 마스크와 손 소독제, 얼굴 가리개 등 개인보호장비 수요가 더욱 급증하고 있다. 이에 월스트리트저널(WSJ)은 미국 개인보호장비 시장규모는 2019년 50억 달러(약 6조 원) 수준이었는데 2020년 코로나19로 인해 15% 성장할 전망이라고 보도했다.

치솟는 수요를 공급이 따라가지 못하면서 개인보호장비에 들어가는 각종 원자재 가격이 폭등하고 있다. 손 소독제용 알코올 가격은 2020년 1월 이후 지금까지 세 배 폭등했다. 투명 플라스틱 소재인 플렉시글라스(Plexiglass) 시트는 제품을 받기까지 대기 시간이 수주가 아니라 수개월에 달한다. 많은 회사가 마스크 생산에 쓰일 원단 확보에 혈안이 됐다.

개인보호장비 시장에서 지금까지 초점은 코로나19와의 전쟁 최전선에서 싸우는 의료 종사자들에게 맞춰졌다. 대표적인 품목이 바로 N95 마스크다. 그러나 이제 경제의 무수히 많은 부문이 활동 재개에 들어가면서 개인보호장비에 대한 어마어마한 수요가 창출되고 있다.

---

70) 개인보호장비 공급난에…새것 둔갑한 의료장갑 미국 수입 극성 2021-10-25 연합뉴스

이에 따라 품귀 현상을 보이는 개인보호장비와 체온 감지 카메라 등을 확보하는 능력이 기업 실적을 판가름하게 된다. 이런 능력이 있을수록 그만큼 경쟁사보다 신속하고 원활하게 공장이나 매장 운영을 정상화할 수 있기 때문이다. 월트디즈니와 맥도날드 등 대기업이 직원과 고객을 보호하기 위한 물품 확보에 총력을 기울이면서 중소기업들은 그만큼 더 어려운 처지에 놓였다. 플렉시글라스는 이번 코로나19 사태로 가장 인기가 폭발한 원자재 중 하나라고 WSJ는 전했다.[71)]

미국 FDA, COVID-19 관련 제품 긴급사용승인 취소

미국 FDA는 일부 일회용 호흡기와 개인보호장비(PPE)의 국내 공급이 안정화됨에 따라 일부 제품에 대한 COVID-19 전염병 관련 긴급사용승인을 취소하였다고 밝혔다. FDA 긴급사용승인 (EUA) 업데이트 페이지에 따르면 아래 나열된 제품은 EUA가 취소되었다.

- US National Institute for Occupational Safety and Health (NIOSH)가 승인하지 않은 일회용 여과 안면 보호구 수입 제품 - 중국에서 수입된 NIOSH 비승인 일회용 여과 안면 보호구 - 개인보호장비 (PPE)용 오염 제거 및 바이오버든 감소 시스템

이에 따라, 미국 의료 종사자들은 해당 제품을 더 이상 사용할 수 없으며, 해당 제품 사용 중단이 권고되었다. FDA 서한은 또한 의료 제공자에게 N95 일회용 여과 안면 호흡기 (FFR), 탄성 호흡기 및 전동 공기 정화 호흡기 (PAPR)와 같은 NIOSH 승인 호흡기의 재고를 늘리도록 권고했다. 하지만 FDA 서한에서 COVID-19 공중 보건 비상사태로 인해 외과용 호흡기, 장갑, 외과용 의류를 포함한 여러 다른 범주의 개인 보호장비 (PPE: Personal Protective Equipment)는 아직 FDA의 의료기기 부족 목록에 남아 있다고 언급했다.[72)]

---

71) 미국 개인보호장비 시장, 코로나19에 급성장…올해 시장규모 15% 확대 전망 2020-06-01 이투데이

72) Update: FDA No Longer Authorizes Use of Non-NIOSH-Approved or Decontaminated Disposable Respirators - Letter to Health Care Personnel and Facilities/U.S FOOD & DRUG

3. 중국

중국 개인보호장비에 대한 규제 요건

중국 국가약품감독관리국(NMPA)은 2020년 3월 30일, 코로나19 IVD 검출 시약 및 개인 보호 장비(PPE)에 대한 규제 요건 및 표준을 아래와 같이 요약하였다.

● NMPA는 코로나19 검출 시약을 III 등급 IVD로 분류함에 따라 기업은 반드시 등록신청을 해야 하고 공고에 기재된 필수서류를 제출해야 함 ● 의료용 마스크와 보호복은 등급 II 의료기기로, 고글과 페이스실드는 I 등급 의료기기로 규제하고 다음과 같은 세 가지 필수 중국 표준과 하나의 자발적 표준이 적용됨 (1) GB 19082-2009(의료용 일회용 보호복 기술 요건) (2) GB 19083-2010(의료용 보호 안면 마스크 기술 요건) (3) YY 0469-2011(수술용 마스크) (4) YY/T 0969-2013(의료용 안면 마스크 사용) ● NMPA는 코로나19와 관련된 중국내 기기나 IVD의 등록 여부를 대중이 판단할 수 있도록 '중국 의료기기 등록정보'라는 제목의 페이지를 개설하였음

한편, 3월 31일 NMPA는 2020년 코로나19에 대한 의료기기 수출 발표(Announcement) 제5호를 발행하였고, 중국 기업이 다른 시장으로 수출하기 위해서는 새로운 코로나바이러스 검출 시약, 의료용 마스크, 의료용 보호복, 인공호흡기, 적외선 온도계가 NMPA에 등록되었는지 확인해야 한다고 밝혔다. 또한 제조업체는 수출된 제품이 NMPA에 등록되어 있고 수입국의 품질 표준을 충족하는지 확인하기 위해 세관에 신고서를 제출해야 한다.

4월 25일 차후 발표는 발표 제5호의 요건을 조정하였고, 이 시점부터, 발표 제5호에 수록된 제품의 제조자는 각 제품이 수입국 또는 지역에 의해 인증 또는 등록되었으

며, 관련 품질 표준 및 안전 요구사항을 준수하는지 확인해야 하고, NMPA 등록은 여전히 중국 품질 기준에 따라 장치가 수출된다는 것을 보여주는 역할을 할 것이지만 중국내 규제 승인은 더 이상 필요하지 않다고 밝혔다.

멸균 및 이식 가능한 의료기기의 검사 강화

NMPA는 코로나19의 예방 및 통제와 연계하여 중국의 멸균 및 이식 가능한 의료기기 기업에 대한 감독 및 검사를 강화하기 위해 2020년 4월 14일 발표(Announcement) 제34호를 발행하였고, 이러한 업체는 6월 말 전에 관련 자체 점검 서식을 제출해야 한다고 밝혔다.

또한 발표문에 따르면 검사는 새로운 코로나바이러스의 예방과 통제에 사용되는 장치(특히 의료용 보호복, 마스크 등 대형 제품)인 고가의 의료용 소모품과 일회용 주입 장비 등을 중점 점검하고, 이전 검사에서 다년간 무작위 검사 기준 미달 또는 심각한 결함이 발생한 기업, 적절한 인증 또는 교육이 부족한 기업, 자체 검사 요건을 충족하지 못한 기업, 또는 심각한 보안 위험이 확인된 다른 기업에도 초점을 맞출 것이라고 언급했다.

공증서류에 대한 조항

중국 의료기기평가센터(CMDE)는 2020년 다른 국가의 폐쇄 및 원격사무소 배치로 인한 공증서류 입수의 어려움 때문에 공증서류 제출에 대한 준비사항을 명시하는 공지(Notice) 제13호를 발행하였다. 공증을 받을 수 없는 임상시험 승인 신청서와 함께 수입된 등급 II 및 III 의료기기(IVD)의 등록, 수정 및 갱신을 위한 문서는 (해외) 신청자 또는 제조자의 서명을 받아 임시로 제출할 수 있고, 서명에 공증된 서류가 없는 것에 대한 설명과 그에 상응하는 법적 책임을 지겠다는 약속이 첨부되어야 한다. 또한 공증된 문서는 신청서 검토 과정에서 요청된 보충 자료의 일부로 제출되어야 한다.

고유식별코드(UDI) 시행 연기

NMPA는 중국 내 코로나19 공중보건 비상사태의 영향으로 UDI 시험 기간 종료일을 2020년 10월 1일에서 2021년 1월 1일로 연기할 필요가 있다고 발표했다. NMPA는 첫 번째 UDI 등록을 III 등급 고위험 의료기기로 구성하였고, UDI 시행 지연 발표에서 2021년 1월까지 UDI를 준수해야 하는 제품 목록에 인이어 보형물과 척추 체간 고정/교체 시스템 등 장치 유형도 추가하였다.[73)]

4. EU

EU 개인보호장비 공동구매 거절

뉴시스에 따르면 영국 정부가 유럽연합(EU)의 신종 코로나바이러스 감염증(코로나19) 확산 방지 회의에 8차례나 참석했다고 보도했다. 보리스 존슨 영국 총리실은 "영국은 더이상 EU 회원국이 아니다. 코로나19 대응을 위해 자체적인 노력을 기울이겠다"고 밝혔으나 여론이 악화되자 "시기를 놓쳐 EU의 대량 개인보호장비(PPE) 공동구매 계획에 참여하지 못했다"고 말을 바꾼 상태다.

그러나 보도에 따르면 정황상 브렉시트(영국의 EU 탈퇴)에 성공한 존슨 총리가 자신의 업적이 퇴색되는 것을 위해 EU의 PPE 구매 사업에서 자발적으로 빠져나왔다는 해석이 가능하다.국민이 목숨이 달린 사업을 자신의 정치적 이익을 위해 묵살했다는 비난도 나온다. 가디언이 이날 공개한 EU 회의록에 따르면 유럽의회의 EU공중보건위원회는 중국 후베이 성에서 코로나19 사태가 벌어진 이후 총 12차례의 대책 회의를 열었다.

회원국들은 "장갑, 마스크, 고글 등 PPE 비축량을 늘려야 한다"고 당시 회의에서 말했으며 EU위원회는 "회원국이 요청한다면 예산을 지원하겠다"고 응답했다. 특히 각국이 의료 장비를 대량 구매하는 것도 도울 의사가 있다고 밝혔다. EU공중보건위원회에 소속된 피터 리제(독일) 의원은 "영국과 EU는 의료 장비 구매와 관련해 통화도 했다. 실무진에서 공동구매와 관련해 관심을 보였던 것으로 알고 있다"고 말했다.

---

73) 『2020 중국 코로나19 대응정책』 식품의약품안전처 식품의약품안전평가원

리제 의원은 '영국 정부는 EU의 공동구매 관련한 제안 이메일을 받지 못했다고 주장했다'는 기자의 발언에 "그들은 (EU의 사업을) 몰랐던 게 아니다. 불참을 결정했다"고 일축했다. 그러면서 "진짜로 관심이 있었다면 이메일만 기다리고 있지는 않았을 것이다"고 부연했다.

이에 영국 보건부는 "코로나19에 대응하기 위해 (보호장비의) 공동 조달에 참여하라는 초청 메일을 제 때 받지 못했다"고 해명했다. 마이클 고브 국무조정실장은 "(EU와의) 소통에 혼선이 있었다"며 "자세한 내용은 모른다"고 답변하기도 했다. 한편 EU 27개 회원국 중 25개 국가는 인공호흡기 공동구매 사업에 참여하고 있다. 또 마스크, 방호복 등 의료진을 위한 PPE 구입에 힘을 합치고 있다. 이와 별도로 19개 회원국은 백신 개발을 위한 실험용 장비를 구입하기 위해 팀을 구성했다.[74]

---

74) 英, 국민 안전 보다 '브렉시트'…"EU 보호장비 공동구매 거절" 2020.03.31. topstarnews

참고자료

스마트 PPE 및 안전장비 시장 분석

IX. 참고자료

1) 개인보호용구/위키백과

2) 2025년 개인보호장비 시장규모 659억불 전망/ 한국화학섬유협회 18-07-16

3) [단독] 방화복 입고도 불에 타는 소방관들, 대체 왜? 2020.10.7.민중의소리

4) 조달청, 소방용특수방화복 검사항목 표준화 조기 완료 2020.02.23. 충청일보

5) 『실화재 훈련과 개인보호장비(PPE)』 이진규. 서울특별시 소방학교, 2019.12.30. SFA journal. 2019 Vol.33, p.52-66

6) [COMPANY+] 소방관 보호하는 최고의 섬유 기술력 보유, PBI 퍼포먼스 프로덕트. FPN 소방방재신문사. 2021/11/19

7) [COMPANY+] 친환경·기능성 섬유 소재 글로벌 리더 삼일방직(주). 2021.10.20. FPN소방방재신문

8) 보건복지부 산하 한국방역협회

9) 코로나19 바이러스 죽이는 국내 마스크 개발 2021.5.13.사이언스타임즈

10) "마스크 2차 오염 막는다" 코로나19 살균 필터 개발 2021.10.26. 사이언스타임즈

11) 메디파이버, 바이러스 살균 마스크 개발 2020.03.19. 아이뉴스24

12) 미국 개인보호장비 시장, 코로나19에 급성장…올해 시장규모 15% 확대 전망. 2020.6.1. 이투데이

13) IFC "베트남, 새 개인보호장비 공급국 중 하나로 부상" [KVINA] 2021-06-17. 한국경제TV

14) [글로벌-Biz 24] 한국과 중국기업, 코로나 개인보호장비(PPE) 원료 놓고 경쟁 치열 2020.4.7. 글로벌이코노믹

15) EU 2020년 풍력발전 비중 16.4%...2050년 50% 향해 순항.2021-02-26.KITA.net

16) 풍력 발전에 열 올리는 중국. 2021.9.10.프레시안

17) 『기술사업화 이슈&마켓:: 글로벌 개인 보호 장비(PPE) 시장, 친환경 발전 전략으로 성장 기회 창출』 2021.05.25. 이노폴리스 연구개발특구진흥재단, Frost & Sullivan Blog

18) 건설현장 3곳 중 2곳은 안전장비 미흡…30건 지적된 곳도. 2021.07.19. 경향신문

19) [국감] "여성 건설노동자 증가에도 안전장비는 남성 사이즈만". 2021.10.5. 여성신문

20) 국토부, 노동자 안전 최우선…'스마트안전장비'도입. 2020.03.23. 세이프타임즈

21) 산재 예방 안전관리 강화, 스마트 안전장비 업계 '꽃피운다'.2021.9.17.산업일보

22) 『건설현장에서의 IoT 기반 스마트 안전관리시스템에 관한 연구』 2019.12. 숭실대 대학원 IT정책경영학과 김광배

23) 건설업계, 중대재해처벌법 시행 앞두고 안전관리 총력 2021.11.1. 데이터뉴스

24) 국가철도공단, 삼성~동탄 광역급행철도(GTX) 스마트 안전관리 선도. 2021.12.6. 쿠키뉴스

25) 『웨어러블 스마트 안전의류의 설계 및 개발에 관한 연구』 (2017년) 채종규, 영남대학교

26) [Aidea] ⑥ 산업현장 작업자 안전, '스마트 안전 조끼'가 지킨다. 2021.10.03. Ai타임스

27) 포스코그룹 사내벤처 큐리시스㈜, '스마트 안전조끼' 출시…산업안전 ICT기술 적용. 2021.7.2.아이티비즈

28) [스마트팩토리+오토메이션월드 2021] 비앤피이노베이션, 스마트 안전조끼 등 산업 안전 솔루션 선보

여. 2021.09.08. HelloT
29) 조끼 작업복에 에어백… 근로자 추락시 생명 구해. 2021-11-19. dongA.com
30) 안전을 입다! 스마트 보호복으로 건설 현장을 지키는 '웨어러블 에어백' <양원희 소셜 기자가 선택한 혁신 시제품> 2020. 12. 4. 조달청 블로그
31) 세이프웨어, 2021 월드IT쇼서 산업용 스마트 웨어러블 에어백 C1.5 소개 2021-04-14. AVING KOREA
32) 현장에 드론·스마트 헬멧 도입… 디지털 전환 박차 2021.06.22. 조선일보
33) 『산불진화대원용 스마트 헬멧 개발에 관한 연구』 융합신호처리학회논문지 Vol. 22, No. 2 : 57-63 June. 2021. 하연철, 진영우, 박재문, 도희찬, 부산대학교 선박해양플랜트기술연구원, 부산대학교 조선해양공학과, (주)오에스랩
34) 무선테크윈, 소방용 헬멧 랜턴 출시 2017/09/11 FPN 소방방재신문
35) 포스텍, 소방서와 공동으로 소방용 무전 헬멧 개발 2018.04.18. ETNEWS
36) 한컴라이프케어, '소방용 안전헬멧' KFI 인정 획득 2020.04.24. topstarnews
37) IoT·AI 활용 스마트 안전장비 보조지원 대상·절차 마련 2021.09.16. 기계설비신문
38) 『중대재해처벌법 해설』 2021년 12월, 국토교통부
39) [재해 없는 건설 현장] ① 스마트 기술이 만드는 안전 일터. 2021.12.10. Viewers
40) 건설업계, '스마트 안전기술' 개발 박차. 2021-12-03. 미디어펜
41) '스마트 안전통합플랫폼' 통해 건설안전 패러다임 바꾼다. 2021.11.17. 공학저널
42) GS건설, 로봇개 '스팟'이 유해가스 감지 임무 맡는다 2021.06.08. 매일경제
43) 안전관리자 '구인난'에 '무인 안전관리' 확대된다. 2021-12-07. 대한경제
44) [Wow! Contech] 데이터 기반 3D 스캐닝기업 '스캔비' 2021-04-30 대한경제
45) 현대두산인프라코어·현대건설기계, 미래 혁신기술 선보인다. 2021.11.9. 이뉴스투데이
46) 엔젤스윙, '스마트건설 챌린지 2021'서 2개 부문 최고기술상 수상 2021.11.23. MiraKle Ahead
47) 한컴라이프케어, '소방용 안전헬멧' KFI 인정 획득 2020.04.24. topstarnews
48) 포스코그룹 사내벤처 큐리시스㈜, '스마트 안전조끼' 출시…산업안전 ICT기술 적용. 2021.7.2.아이티비즈
49) '추락사고자 보호' 착용형 에어백, 혁신조달 대상 수상 2021.12.16. news1
50) [COMPANY+] 독자적인 기술력으로 시장 선도하는 ㈜무선테크윈 2020/09/22 FPN소방방재신문
51) 무선테크윈, 소방용 헬멧 랜턴 출시 2017/09/11 FPN 소방방재신문
52) 방글라데시, 미국에 코로나19 개인보호장비 수출 본격화 2020/06/05 EMERICS
53) 개인보호장비 공급난에…새것 둔갑한 의료장갑 미국 수입 극성 2021-10-25 연합뉴스
54) 미국 개인보호장비 시장, 코로나19에 급성장…올해 시장규모 15% 확대 전망 2020-06-01 이투데이
55) Update: FDA No Longer Authorizes Use of Non-NIOSH-Approved or Decontaminated Disposable Respirators - Letter to Health Care Personnel and Facilities/U.S FOOD & DRUG
56) 『2020 중국 코로나19 대응정책』 식품의약품안전처 식품의약품안전평가원
57) 英, 국민 안전 보다 '브렉시트'…"EU 보호장비 공동구매 거절" 2020.03.31. topstarnews

초판 1쇄 인쇄 2022년 02월 14일
초판 1쇄 발행 2022년 02월 28일
개정1판 발행 2024년 4월 22일

편저 비피기술거래 비피제이기술거래
펴낸곳 비티타임즈
발행자번호 959406
주소 전북 전주시 서신동 780-2 3층
대표전화 063 277 3557
팩스 063 277 3558
이메일 bpj3558@naver.com
ISBN 979-11-6345-553-0 (93530)
정가 66,000원

이 도서의 국립중앙도서관 출판예정도서목록(CIP)은 서지정보유통지원시스템홈페이지 (http://seoji.nl.go.kr)와국가자료공동목록시스템 (http://www.nl.go.kr/kolisnet)에서 이용하실 수 있습니다.